中等职业学校创新示范教材

园林植物识别

马　垣　主编

中国林业出版社
CFPH China Forestry Publishing House

图书在版编目(CIP)数据

园林植物识别 / 马垣主编. —北京 : 中国林业出版社, 2019.10(2024.8 重印)
中等职业学校创新示范教材
ISBN 978-7-5038-8225-8

Ⅰ. ①园… Ⅱ. ①马… Ⅲ. ①园林植物 - 识别 - 中等专业学校 - 教材
Ⅳ. ①S688

中国版本图书馆 CIP 数据核字(2015)第 250174 号

园林植物识别

马垣 主编

责任编辑 田 苗
出版发行 中国林业出版社
邮编:100009
地址:北京市西城区德内大街刘海胡同 7 号
电话:010 - 83143557
邮箱:jiaocaipublic@ 163. com
网址:http://www. forestry. gov. cn/lycb. html
经 销 新华书店
印 刷 北京中科印刷有限公司
版 次 2019 年 10 月第 1 版
印 次 2024 年 8 月第 3 次印刷
开 本 710mm × 1000mm 1/16
印 张 13
字 数 219 千字
定 价 58. 00 元

前　言

园林绿化和园林技术专业是北京市园林学校“国家中等职业教育改革发展示范学校”建设的重点专业。在创新人才培养方案、构建适应岗位能力需求课程体系的基础上，组织编写了《园林植物识别》教材。

本教材特点是以识别园林植物为主线，依据北京地区常见园林植物应用分类的逻辑展开，将植物器官、功能等内容穿插其中，知识容量以“必须”“够用”为原则，根据园林绿化新技术和新材料的应用进行适当拓展。

在教材编写过程中突出“行动导向”的教学理念，突出对学生植物基本认知技能的培养。在教材中每种植物都配有彩色照片。

本教材分为5个单元，分别是：认知园林乔木、认知灌木与藤木、认知园林花卉、认知水生与地被植物、认知植物微观构造。每个单元由2~3个任务组成，通过完成学习任务实现对本单元知识和技能的学习。每一单元开始单元介绍、单元目标，结尾有单元小结、动脑动手、练习与思考等；同时在每个任务中有任务内容、学习内容、理论知识、知识链接、知识拓展。

本教材由从事教育教学改革的一线教师团队编写，由富有多年一线生产经验的企业工作人员审稿。主编及统稿为北京市园林学校马垣，单元一由北京市园林学校贾秀香编写；单元二由北京市园林学校张君楠编写；单元三任务一和任务二由北京市花木有限公司董文珂编写，任务三由北京市园林学校齐静编写；单元四、单元五由北京市园林学校崔妍编写。

本教材可作为中等职业学校园林技术、园林绿化专业教材，也可作为园林工程施工、园林绿地养护、园林植物生产工作者植物识别的自学材料。

本教材在编写过程中得到北京市教育专家庆敏和晋秉筠、北京植物园陈进勇博士、北京市园林科学研究院丛日晨博士、北京市东北旺苗圃牛立文主任的帮助和指导，在此表示衷心谢意。

本次教材编写在理念上和呈现形式上做了初步的探索，由于编者水平所限，书中缺点错误在所难免，欢迎读者批评指正。

编者

2015年8月

目　　录

单元一
认知园林乔木

单元介绍

本单元是通过认知42种常见园林应用的乔木，了解园林植物作用；学习园林植物茎、叶的形态、结构及分类；了解叶主要生理功能；掌握识别园林植物的基本方法。

在园林绿化中应用的木本植物，根据其形态特征可分乔木、灌木、藤木和地被。园林乔木是指由根部发出独立的直立主干，且树干与树冠有明显区分的高大的树木，依其高度的不同分为伟乔木(31m以上)、大乔木(21~30m)、中乔木(11~20m)、小乔木(6~10m)四级。依季节变化有落叶与常绿乔木之分。根据乔木在园林绿化中应用的主要功能不同，还可分为行道树、园景树、庭荫树。

本单元分为3个任务。任务一 认知行道树；任务二 认知园景树；任务三 认知庭荫树。

单元目标

1. 掌握园林植物的概念，明确园林植物的范畴。
2. 掌握行道树、园景树、庭荫树的概念及应用。
3. 能够识别11种行道树、20种园景树、11种庭荫树。
4. 掌握植物叶的形态及功能。
5. 掌握树木的冬态和夏态的识别要点，能对北京常见园林乔木进行动态识别。
6. 了解植物分类及命名。
7. 培养学生热爱专业，学会欣赏植物美。

任务一　认知行道树

行道树是沿道路两旁栽植的成行排列并构成城市景观的乔木。行道树分为常绿乔木和落叶乔木两大类。在乔木应用中行道树所占比例很大。

任务说明

任务内容：完成行道树的调查，行道树应用的图片采集、整理及制作行道树应用的演示文稿，以小组为单位总结汇报。

学习内容：通过对11种行道树识别，掌握木本植物的识别方法，掌握植物茎形态特征及分枝形式，了解植物分类、植物命名方法。

一、认知常绿行道树

常绿树是指一年四季都有绿叶的多年生木本植物。常绿树相对落叶树而言，叶子寿命比落叶树的叶子寿命长，可达几个或几十个生长季，如松柏科树种的叶寿命可达3～5年，有的树种叶子寿命可达2～8年，甚至更长。常绿树每年春天都有新叶长出，同时也有部分老叶脱落，但茎上一年四季都保持有绿叶，故称作常绿树。

1. 油松（图1-1-1）

【科属】松科松属

【学名】*Pinus tabuliformis* Carr.

【别名】短叶松、东北黑松

【主要识别要点】常绿乔木。树皮下部灰褐色，裂成不规则鳞块，裂缝及上部树皮红褐色。幼树卵形或塔形；老树平顶形。小枝粗壮，黄褐色。针叶2针一束，暗绿色。球果卵形或卵圆形，有短柄或无，成熟后鳞片开裂，黄褐色球果宿存。

图1-1-1　油松

【分布及生态特性】原产中国。自然分布范围广，包括辽宁、吉林、内蒙古、河北、河南、山西、陕西、山东、甘肃、宁夏、青海、四川北部等地。强喜光树种，性强健，抗寒能力强，北京能安全越冬；喜微酸及中性土壤，不耐盐碱；为深根性树种，主根发达，垂直深入地下；对土壤养分和水分的要求并不严格，但要求土壤通气状况好，故在疏松的土壤中生长较好。

【园林用途】老树姿态挺拔苍劲，常年青翠，因此常用于庄严肃穆的环境布置，如北京潭柘寺的“卧龙松”，毛主席纪念堂、烈士陵园两侧都配置了油松。

图 1-1-2　侧柏

2. 侧柏(图 1-1-2)

【科属】柏科侧柏属

【学名】*Platycladus orientalis* (L.) Franco

【别名】黄柏(华北)、香柏(河北)、扁柏(浙江、安徽)

【主要识别要点】中国特产树种，被列为北京市的市树。树皮红褐色，纵裂。小枝扁平竖直排列。叶鳞形。雌雄同株。球果近卵形，熟时开裂。侧柏的品种和栽培变种较多，有丛生灌木的千头柏、洒金柏，也有属于乔木类的窄冠型侧柏。

【分布及生态特性】分布极广，除青海、新疆外，全国均有分布，人工栽培几乎遍及全国。侧柏耐强光照射，也有一定的耐阴性；耐高温，较耐寒；耐干旱，耐贫瘠，但抗风力较差；对土壤环境要求不严格。

【园林用途】侧柏是我国应用最普遍的园林树木之一，寿命极长，常有百年和数百年以上的古树，如北京中山公园内辽代的古侧柏已达上千年，枝干苍劲，气魄宏伟。此外也很少有病虫害，是使用最广泛的街道、庭院绿化树种之一，自古以来常栽植于寺庙、纪念堂馆等重要场所，也用于行道、亭园、大门两侧、绿地、墙垣内外，均极为壮观。

3. 圆柏(图 1-1-3)

【科属】柏科圆柏属

【学名】*Sabinachinensis* (L.) Antoine

【别名】桧柏

【主要识别要点】常绿乔木或灌木。幼树之叶全为刺形；老树叶为刺形、鳞形或二者兼有。雌雄异株或同株，球花单生短枝顶。雌球果球形被白粉，成熟时不开裂。

【分布及生态特性】原产于中国、日本。广泛分布于中国大陆，在内蒙古、河北、山西、山东、江苏、浙江、福建、安徽、江西、河南、陕西南部、甘肃南部、四川、湖北西部、湖南、贵州、广东、广西北部及云南等地都有分布。江苏为圆柏中心产地，其种植面积居全国首位。圆柏适应性强，耐干旱与寒冷，可植于建筑之北侧阴处。

【园林用途】幼龄树树冠为整齐圆锥形，树形优美。大树干枝扭曲，姿态古朴，可以独树成景，因其耐修剪又有很强的耐阴性，也可作绿篱；老树则干枝扭曲，我国多配置于庙宇、陵墓作墓道树或柏林，也可以群植于草坪边缘作背景，或栽植片林，或镶嵌于树丛的边缘，或植在建筑附近作园景树或行道树。

图 1-1-3　圆柏

二、认知落叶行道树

落叶树是指每年春天萌芽展叶，生长季节末期叶子全部脱落的木本植物。采用落叶树作为行道树的树种称为落叶行道树。一般绝大多数的落叶树都处于温带气候条件下，夏天枝叶繁茂，冬天落叶。

4. 银杏(图 1-1-4)

【科属】银杏科银杏属

【学名】*Ginkgo biloba* L.

【别名】白果、公孙树

【主要识别要点】落叶乔木。大树之皮灰褐或土黄色，不规则纵裂。枝有长、短之分。叶脉为二叉脉，叶形似折扇，在短枝上簇生。雌雄异株。种子核果状、被白粉，假种皮肉质，成熟时淡黄色或橙黄色、有异味。

【分布及生态特性】分布于世界各地。在我国主要分布于山东、江苏、四川、河北、湖北、河南、甘肃等地。中国最大的银杏培育基地是山东郯城县。侏罗纪时代，银杏曾广泛分布于北半球，50 万年前，发生了第四纪冰川运动，地球突然变冷，绝大多数银杏类植物濒于绝种，在欧洲、北美洲和亚洲绝大部分地区灭

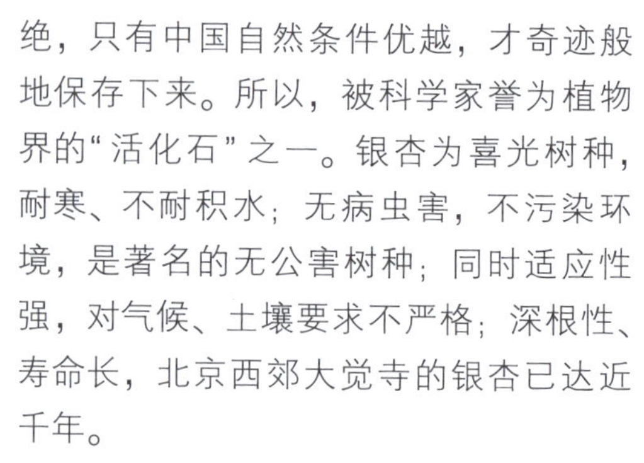
绝，只有中国自然条件优越，才奇迹般地保存下来。所以，被科学家誉为植物界的“活化石”之一。银杏为喜光树种，耐寒、不耐积水；无病虫害，不污染环境，是著名的无公害树种；同时适应性强，对气候、土壤要求不严格；深根性、寿命长，北京西郊大觉寺的银杏已达近千年。

【园林用途】树体高大，树干通直，姿态优美，春夏翠绿，深秋金黄，是理想的园林绿化行道树和秋景树种。其叶形奇特，也是主要的观叶树种，同时因其寿命长，也被列为中国四大长寿观赏树种之一。

图 1-1-4 银杏

5. 毛白杨（图 1-1-5）

【科属】杨柳科杨属

【学名】*Populus tomentosa* Carr.

【别名】杨树

【主要识别要点】落叶乔木。树皮灰绿色，菱形皮孔，老时深灰色，纵裂。

图 1-1-5 毛白杨

芽鳞有绒毛。叶互生，卵形或三角形边缘具波状纹；上面深绿色，下面有灰白色绒毛。柔荑花序，雌雄异株。冬季小枝有明显的芽鳞痕突起环，冬花芽肥大，叶芽尖圆锥形。其变种为抱头毛白杨，主干明显，树冠狭长，侧枝紧抱主干。

【分布及生态特性】原产我国，分布广泛，以黄河流域中下游为中心分布区。强喜光树种，喜温暖、凉爽气候，较耐寒冷；深根性，喜湿润、肥沃土壤；耐旱力较强，黏土、壤土、砂壤土或低湿、轻度盐碱土均能生长。在水肥条件充足的地方生长最快，20 年生即可成材，是中国主要的速生树种之一；但每年的 4 月雌株飞絮，对环境造成污染，应逐步淘汰。

【园林用途】树体高大挺拔，姿态雄伟，叶大荫浓，大型深绿色叶片在微风的吹动下发出沙沙的响声，给人以豪爽之感；毛白杨生长速度快，适应性强，是城乡及工矿区优良的绿化树种。常用于行道树、园路树、庭荫树或防护林带。

6. 旱柳（图 1-1-6）

【科属】杨柳科柳属

【学名】*Salix matsudana* Koidz.

【别名】柳树、河柳、江柳、立柳

【主要识别要点】旱柳是我国北方平原地区最常见的乡土树种之一。树皮黑色、纵裂。枝直立或斜展。叶披针形，上面绿色，无毛，下面苍白色，幼时有丝状柔毛，叶缘有细锯齿，叶柄短。花叶同开放；雄花序圆柱形，花序轴有长毛；雌雄异株，雌蕊子房背、腹面各有一个腺体，用以区分旱柳和垂柳。

图 1-1-6　旱柳

常见栽培变种：

① 馒头柳　分枝多，端稍密而整齐，形成半圆形树冠，状如馒头而得名。

② 绦柳　主枝直立，小枝细长下垂，叶无毛，形似垂柳。北方园林中习见栽培。

③ 龙须柳　枝条扭曲下垂，各地均有栽培。树体小，寿命短。常孤植作园景树。

【分布及生态特性】主产东北、华北及长江流域，主要分布于我国东北、华北平原、西北黄土高原，西至甘肃、青海，南至淮河流域以及浙江、江苏。喜光、不耐阴；喜水湿、喜湿润，在排水良好的砂壤土、河滩、沟谷、低湿地生长良好；耐寒性较强；根系发达，主根深，固土抗风力强；柳的雌株与毛白杨的雌株一样在每年的4月飞絮，也应逐步淘汰。

【园林用途】旱柳枝条柔软，树冠丰满，是中国北方常用的庭荫树、行道树。尤其变种的不同姿态更为壮观，如馒头柳树冠的整齐、绦柳小枝的飘逸、龙须柳垂枝的曲折，具有极佳的观赏性。常栽植于河、湖岸边或孤植于草坪，对植于建筑两旁或作为园景树。

7. 槐树(图1-1-7)

【科属】蝶形花科槐属

【学名】*Sophora japonica* L.

【别名】国槐、豆槐、白槐、细叶槐、金药材、护房树、家槐

【主要识别要点】落叶乔木。干皮暗灰色。小枝暗绿色，灰白色皮孔明显。柄下芽、黑色。奇数羽状复叶互生，小叶9～14，卵状长圆形。圆锥花序顶生；花冠乳白色蝶形。念珠状肉质荚果，成熟时不裂。

槐树

龙爪槐

图1-1-7　槐树与龙爪槐

常见栽培变种：

① 龙爪槐　与槐树相似，小枝暗绿色，有灰白皮孔。不同的是小枝拱形弯曲下垂，树冠呈伞状。园林绿化中多用于观赏栽植。

② 五叶槐(畸叶槐)　小叶3～5簇生，顶生小叶常3裂，侧生小叶下部常有大裂片、背部有毛。园林绿化应用中常作园景树。

③ 金枝国槐　枝条黄色，冬季落叶后，金黄色耀眼夺目，是秋、冬季观黄色枝条的树种之一。园林绿化中常成行或成片栽植，营造景观环境。

④ 金叶槐　枝条绿色，而春、夏、秋三季叶片呈金黄色，是城市绿化常用的彩叶树种之一，配置于常绿树旁其观赏效果更好。

【分布及生态特性】原产于中国。北自辽宁、河北，南至广东、台湾，东自山东，西至甘肃、四川、云南都有分布。性耐寒、喜光；对土壤要求不严，但在湿润、肥沃、深厚、排水良好的砂质土壤上生长最佳；耐烟尘，能较好地适应城市环境；深根性，耐修剪。

【园林用途】树势优美，树干端直，树冠大、枝叶茂密。早春发芽较晚，新叶凸显翠绿；夏、秋季满树素色白花，遮阴宜人；秋季叶片晚凋，绿化效果非常好；是城乡良好的庭荫树和行道树种。槐树和侧柏同为北京的市树。

8. 臭椿（图 1-1-8）

【科属】苦木科臭椿属

【学名】*Ailanthus altissima*（Mill.）Swingle

【别名】臭椿皮、大果臭椿

【主要识别要点】臭椿在古时称樗，因叶基部腺点发散臭味而得名。落叶乔木。老树皮浅黑至黑色、不开裂、不脱落；冬季小枝粗壮，有马蹄形叶痕，叶迹 9 个以上。多为奇数羽状复叶，叶基部有 1 ~ 2 对臭腺齿，叶片中上部全缘。翅果长椭圆扁形，熟时不开裂，呈红色或褐色。

千头椿是臭椿的变种，与臭椿的区别在于树冠顶部小枝较直立密生，树冠紧凑，整齐美观，多为雄树不见果实。

臭椿果

臭椿叶

臭椿叶痕

千头椿

图 1-1-8　臭椿及千头椿

【分布及生态特性】分布于中国北部、东部及西南部，东南至台湾。喜光，不耐阴；适应性较强，在中性、酸性及钙质土壤上都能生长，在土层深厚、肥沃、湿润的砂质土壤中生长最佳；耐干旱及盐碱，且生长迅速，对有毒气体的抗性较强；不耐水湿，长期积水会烂根死亡；深根性；对烟尘与二氧化硫的抗性较强，病虫害较少。

【园林用途】树干通直高大，树冠开阔，叶片大、遮阴好，是良好的庭荫树和行道树。可孤植或与其他树种混栽，适宜于公园、工厂、矿区等绿化。

9. 栾树(北方栾)(图 1-1-9)

【科属】无患子科栾树属

【学名】*Koelreuteria paniculata* Laxm.

【别名】灯笼树、摇钱树

图 1-1-9 栾树

【主要识别要点】落叶乔木。树皮灰褐色、细纵裂。小枝无真正的顶芽，称为假顶芽；初春吐露的新芽为棕褐色，可食用。叶为 1～2 回羽状复叶，入秋以后叶变黄。大型圆锥花序，花小、黄色，花冠基部镶有鲜红色的环，花期在夏季至秋季，盛花时，满树金黄。果实为三角状蒴果，形似小灯笼，果实由初果期的鲜绿到盛果期的棕红乃至熟果期的褐色。由于生长季树色的不断变化，人们常称之为"四色树"。

【分布及生态特性】原产于我国。在华北、华东、华南、中部地区都有分布，以华北最为常见。喜光，稍耐半阴，耐寒；耐干旱和瘠薄；耐盐渍和短期水涝；深根性树种，适应性强，较强抗烟尘能力。

【园林用途】树形端正，枝叶茂密秀丽，春季观赏彩叶，夏季观赏黄花，秋冬观赏褐色的三角状灯笼果，是理想的绿化观赏树种。目前已大量将它作为庭荫树、行道树及园景树，同时也作为居民区、工厂区及村旁绿化、防护林、水土保持及荒山绿化树种。

10. 白蜡树(图 1-1-10)

【科属】木犀科白蜡树属

【学名】*Fraxinus chinensis* Roxb.

【别名】中国蜡、虫蜡

【主要识别要点】落叶乔木。树皮黄褐色，有小裂纹。奇数羽状复叶，叶有齿。雌雄异株；圆锥花序，小花有花萼无花冠。翅果倒披针形似小船桨。冬季小

图 1-1-10　白蜡树

枝灰白色，有片状蜡质斑纹；冬芽呈淡褐色或深褐色、对生，枝顶像小蛇头。

【分布及生态特性】主要分布于中国东北中南部，经黄河流域、长江流域，南达广东、广西、福建，西至甘肃均有分布。喜光、稍耐阴；对气候、土壤要求不严；耐寒、耐干旱、耐水湿、耐盐碱；深根性树种，侧根发达，生长较迅速；少病虫害；抗风能力强，抗污染物及烟尘。

【园林用途】白蜡树树形端正，树干通直，枝叶繁茂，树冠宽阔遮荫效果好；早春雌株翅果摇曳，雄株雄花吐药，夏季叶色深绿，入秋叶色橙黄，构成城市景观色彩，是优良的行道树和庭荫树；也可用于湖岸绿化和工矿区绿化。

11. 杜仲（图 1-1-11）

【科属】杜仲科杜仲属

【学名】*Eucommia ulmoides* Oliv.

【别名】丝棉皮、棉树皮、胶树

图 1-1-11　杜仲

【主要识别要点】落叶乔木。树皮灰白色，粗糙，内含杜仲胶，折断拉开有多数细丝。叶椭圆形或卵形，薄革质，上面暗绿色，老叶略有皱纹，下面淡绿，侧脉 6～9 对，叶有锯齿。花生于当年生枝的基部，雄花无花被，雄蕊长约 1cm。翅果扁平，长椭圆形，长 3～5.5cm，宽 1～1.3cm，先端 2 裂，基部楔形，翅果边缘具有薄翅。冬枝无顶芽，合轴分枝。

【分布及生态特性】中国特有种，主要分布于长江中下游及南部各省份。喜阳光充足、温和湿润气候，耐寒，对土壤要求不严，丘陵、平原均可种植，也可利用零星土地或四旁栽培。

【园林用途】树干端直，枝叶茂密，树形整齐优美，可供药用，为优良的经济树种，也可作庭荫树或行道树。

知识链接

一、园林树木的识别方法

（一）常绿树的识别

常绿树按叶形一般分为常绿阔叶树和常绿针叶树。常绿阔叶树多为双子叶植物的阔叶树种，以卫矛科的冬青卫矛和木兰科广玉兰为典型代表；常绿针叶树广泛分布于温带和寒带地区，具备耐寒的特性，多半是裸子植物，以松、柏科树种为代表。

对于常绿树的识别主要根据树形、叶形、球花、球果、种子等特征来进行。在树种识别时，我们常以叶形作为识别的主要特征来区别树种，不同树种叶形有所不同。常见的常绿树的叶形分为：针形叶[图1-1-12(a)]、鳞形叶[图1-1-12(b)]、刺形叶[图1-1-12(c)]和条形叶[图1-1-12(d)]。

图1-1-12　常绿树叶的类型

（二）落叶树的识别

落叶树的识别是根据树体的形态特征进行的，落叶树种的识别包括冬季形态识别和夏季形态识别两个部分。

落叶树种的冬季形态识别是指落叶树在秋季落叶后至春季萌芽前，通过观察树体上的残留痕迹来鉴别树种的过程。落叶树种的夏季形态识别是指在树木展叶后，通过对其枝、叶、花、果等特点的观察来鉴别树种的过程。

1. 落叶树种的冬季形态识别要点

(1) 树形、树色、树皮、分枝方式　对于树形、树色、树皮、分枝方式等特点的观察，在现场识别时经常是作为描述树种特征的主要内容。但是，在取得绿化工职业资格证书考试的实际操作中，常常采集枝条在室内进行，所以应对枝条上的特点进行更仔细地观察，来识别树种。

(2) 枝条　除了小枝颜色、形状、光泽度以外，在小枝上还有其他所描述的识别点。

(3) 叶痕　叶痕的形状、大小。

(4) 叶迹　叶迹的多少、叶迹的形状。

(5) 芽的着生方式　对生、互生、轮生、簇生。

(6) 芽鳞　包于芽外的鳞片称为芽鳞。芽鳞的片数、颜色、质感等。

(7) 芽鳞痕　芽鳞痕的形状、大小等。

(8) 宿存的花果　果序的类型、果实的类型、宿存花的组成结构等。

(9) 皮孔　皮孔的颜色、形状、大小等。

(10) 其他形态　刺、刺毛、毛、斑、带等。

2. 落叶树种的夏季形态识别要点

落叶树种夏季的形态特征与冬季相比识别特点多，增加了花、叶的特点，识别起来变得容易了一些。无论如何，对落叶树种的夏季形态识别也要熟悉如下要点，掌握这些主要特点对于识别树种会很有帮助。

(1) 树形、树色、树皮　树形如卵形、圆锥形、平顶形等。树皮有深裂、浅裂、方块裂；有光滑、有脱落；皮色有深有浅，各有不同。

(2) 分枝方式　假二叉分枝、单轴分枝、合轴分枝。

(3) 枝条　颜色、形状、光泽度、皮孔、刺、毛等。

(4) 叶　叶的组成、叶形、叶缘、叶尖、叶基、叶色、叶片的薄厚、叶的类型、叶脉类型等。

(5) 叶的着生方式　对生、互生、轮生、簇生、基生。

(6) 花　花的组成、花冠的类型、雌雄蕊的类型、花的类型、花序类型等。

(7) 果　果实的颜色、果实的类型、果柄的有无及长短、果序的类型等。

二、茎的形态

茎的形态是识别树种的重要特点之一。

(一) 茎的结构组成

木本植物茎的外形有自身特点，以樱花二年生枝条为例说明其组成(图 1-1-13)。

1. 芽

顶芽和侧芽，侧芽包括主芽和副芽。

2. 节和节间

芽生长的部位为节，茎的上、下两芽之间的距离为节间。

3. 叶痕

叶子脱落处在枝条上留下的痕迹。

4. 叶迹

在叶痕上分布的维管束断裂的痕迹。

5. 芽鳞痕

鳞芽萌发，芽鳞脱落处在枝条上留下的痕迹。

图 1-1-13　木本植物茎的外形组成

茎的横切面多数呈圆柱形，同时也有方柱形，如迎春花、连翘；扁形、柱形，如仙人掌、昙花等。

（二）茎的分枝方式

茎的分枝方式也是树种识别的特点之一，每种植物有一定的分枝方式，种子植物常见的分枝方式有单轴分枝、合轴分枝和假二叉分枝 3 种类型。

1. 单轴分枝

具有明显的顶端优势，由顶芽不断向上生长形成主轴，侧芽发育形成侧枝，主轴的生长明显并占优势，这种分枝方式称为单轴分枝。如雪松、毛白杨、水杉、银杏等，如图 1-1-14(a) 所示。

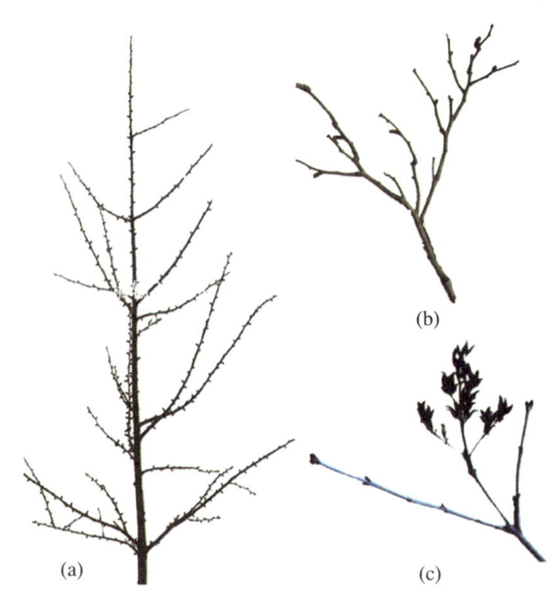

图 1-1-14　茎的分枝方式

(a) 单轴分枝　(b) 合轴分枝　(c) 假二叉分枝

2. 合轴分枝

当植物的营养生长阶段结束后，顶芽发育成花或花序而不能继续伸长生长，紧邻下方的侧芽开放长出新枝，代替原来的顶芽向上生长，形成新的主轴，新的主轴生长一段时间后又被下方的侧芽所取代，如此形成多轴分枝称为合轴分枝。这种分枝方式使茎的主轴和侧枝都呈曲折形状，而且节间很短。使树冠呈开展状态，更利于通风透光。互生叶序的植物多为合轴分枝，如山楂、栾树、槐树、海棠等，如图1-1-14(b)所示。

3. 假二叉分枝

假二叉分枝是合轴分枝的一种特殊形式，具有对生叶的植物，当顶芽停止生长后，或顶芽是花芽，在花芽开花后，由顶芽下的两侧腋芽同时发育出两个分枝。这种分枝方式称为假二叉分枝。如丁香、红瑞木、接骨木等，如图1-1-14(c)所示。

三、11种行道树基本信息汇总表(表1-1-1)

表1-1-1　11种行道树基本信息汇总

序号	中文名	别　名	学　名	科　属	观赏点	观赏期
1	油　松	短叶松、东北黑松	*Pinus tabuliformis* Carr.	松科松属	树形、树色	全年
2	侧　柏	黄柏、香柏、扁柏	*Platycladus orientalis* (L.) Franco	柏科侧柏属	树形、树色	全年
3	圆　柏	桧柏	*Sabina chinensis* (L.) Antoine	柏科刺柏属	树形、树色	全年
4	银　杏	白果、公孙树	*Ginkgo biloba* L.	银杏科银杏属	观叶	生长季
5	毛白杨	杨树	*Populus tomentosa* Carr.	杨柳科杨属	树冠	生长季
6	旱　柳	柳树、河柳、江柳、立柳	*Salix matsudana* Koidz.	杨柳科柳属	树形、树色	生长季
7	槐　树	国槐、豆槐、白槐、细叶槐、金药材、护房树、家槐	*Sophora japonica* L.	蝶形花科槐属	花、果	6~8月花，10月果
8	臭　椿	臭椿皮、大果臭椿	*Ailanthus altissima*(Mill.) Swingle	苦木科臭椿属	树形、果	9~10月果
9	栾　树	灯笼树、摇钱树	*Koelreuteria paniculata* Laxm.	无患子科栾树属	花、果	6~8月花，9月果
10	白蜡树	中国蜡、虫蜡	*Fraxinus chinensis* Roxb.	木犀科白蜡树属	树形、叶	10月
11	杜　仲	丝棉皮、棉树皮、胶树	*Eucommia ulmoides* Oliv.	杜仲科杜仲属	树冠	生长季

知识拓展

一、植物的分类

（一）植物分类方法

植物分类方法有自然分类法和人为分类法。人们根据植物界自然演化过程和彼此之间亲缘关系进行分类，称为自然分类法。它是从形态、生理遗传、进化等方面的相似程度和亲缘关系来确定在植物界的系统地位。而在园林植物的应用中，人们也经常按照园林植物的生物学特性分为乔木、灌木、草本、藤本植物；按观赏特性还可分为观花、观果、赏叶、观形植物；园林生产中常按照用途分为行道树、园景树、庭荫树、花灌木、藤本植物、绿篱、地被植物等，这些都属于人为分类法。

（二）植物的分类单位

在自然分类法中，常采用一系列的分类单位：界、门、纲、目、科、属、种等，借以顺序地表明各分类等级。有时因在某一等级中不能确切完全地包括其形状或系统关系，故另加设亚门、亚纲、亚目、亚科、亚属、亚种或变种、变型等用以细分。其中“种”是植物分类的基本单位，“种”是客观存在的实体，同种表现具有相似形态特征，表现一定的生物学特性并要求一定生存条件的多数个体的总和，在自然界中占有一定的分布区。种与种之间有明显的界限，如垂柳、栾树、雪松、圆柏等都是彼此明确的不同的具体种。

二、植物的命名

（一）植物学名

任何一级植物分类单位，均需按照《国际植物命名法规》的规定，用拉丁文（或拉丁化的文字）进行命名，这样的命名叫作学名，植物命名采用双名法。

（二）双名法

双名法是由瑞典植物分类学大师林奈（Carolus Linnaeus，1707—1778）创立的。早在1623年法国包兴（C. Bauhin，1560—1624）已使用属名加种加词的双名法学名，但当时并未得到人们的普遍接受。后来在1690年，来维努斯（Rivinus）也提出了用双名法给植物命名的建议，规定植物名称不得多于2个字。林奈接受了这些思想并将其完善化。1753年，林奈的巨著《植物种志》（*Species Plantarum*）便采用了双名法，后来为全世界的植物学家所采用。

由于新的双名制命名法科学合理，简要明了，方便易行，因此，自林奈之后，新的双名法即被各国生物学家相继采用。尽管生物命名法在后来有了新的发展，但基本的命名原则仍然是以由林奈最终确立的双名制命名法为基础的。1867年，在巴黎举行的首次国际植物学会议上，林奈的双名制命名法得到了国际植物学界的确认。

三、世界五大行道树

1. 欧洲椴树

又名捷克椴。欧洲北部常见的温带植物种类。现世界各地广泛栽培，特别是用作行道树，被称为“行道树之王”。

2. 悬铃木

在20世纪一二十年代，一球悬铃木(美桐)和二球悬铃木(英桐)大量引入我国栽培；三球悬铃木又称为净土树，主要由法国人引入我国，简称法桐。我国目前普遍种植的以英桐(英桐为美桐和法桐的杂交种)最多。

3. 欧洲七叶树

又名马栗树。原产阿尔巴尼亚和希腊。落叶乔木。掌状复叶对生，小叶5～7枚，无柄，叶缘有重锯齿。蒴果近球形，褐色，有刺。我国上海和青岛等地有栽培。

4. 银杏

最早出现于3.45亿年前的石炭纪，曾广泛分布于北半球的欧洲、亚洲、美洲，至50万年前，发生了第四纪冰川运动，地球突然变冷，绝大多数银杏类植物濒于绝种，唯有我国自然条件优越，才奇迹般地保存下来。所以，科学家称它为“植物的活化石”和“植物界的熊猫”。

5. 北美鹅掌楸

原产北美东南部，比鹅掌楸叶小，花被片浅米黄色，内侧基部黄棕色，为较珍贵的庭园树种。

四、行道树的选择标准

1. 树形

树干通直，树形整齐，枝叶茂盛，冠大荫浓。

2. 观赏性

花、果、叶无异味，无毒无刺激。

3. 生长特性

繁殖容易，生长迅速，移栽成活率高，耐修剪，养护容易。

4. 抗性

对有害气体抗性强，病虫害少，能够适应当地环境条件。在行道树选择上，一定要考虑当地的环境特点与植物的适应性，避免盲目。要根据生态环境特点，选择适合当地的优良树种作为行道树。

任务二　认知园景树

园景树是作为庭园、绿地、公园的中心景物，孤植或群植的高大乔木、赏其树形、姿态或色彩，是园林绿化中应用种类最为繁多、形态最为丰富、景观作用最为显著的骨干树种。树种类型既可观形、赏叶，也可观花、赏果。

任务说明

任务内容：完成园景树的调查；园景树应用的图片采集、整理及制作园景树应用的演示文稿，以小组为单位总结汇报。

学习内容：通过对 20 种园景树的识别，学习植物叶的形态、叶的类型及叶序的类型，能够用专业术语对树木的典型特征进行描述。

一、认知常绿园景树

1. 雪松（图 1-2-1）

【科属】松科雪松属

【学名】*Cedrus deodara*（Roxb.）G. Don.

【别名】宝塔松

【主要识别要点】常绿乔木。树皮深灰色，裂成鳞片状。树冠尖塔形，大枝平展，小枝略下垂。叶针形，质硬，灰绿色或银灰色，在长枝上散生，短枝上簇生。雌雄异株或同株。球果翌年 9 ~ 10 月成熟，椭圆状卵形，熟时赤褐色；种翅宽大。

图 1-2-1　雪松

【分布及生态特性】原产于亚洲西部、喜马拉雅山西部和非洲，地中海沿岸。中国只有一种喜玛拉雅雪松，分布于西藏南部及印度、阿富汗。中国多地有栽培，北京、大连、上海、杭州、武汉、昆明等地已广泛栽培作园景树。雪松属于喜光树种，但有一定的耐阴能力；在气候温和、凉润、土层深厚排水良好的酸性土壤上生长旺盛；在碱性土壤中生长差，抗烟尘和二氧化硫的能力弱。

【园林用途】树体高大，树形优美，最适宜孤植于草坪中央、建筑前庭之中心、广场中心或主要建筑物的两旁及园门的入口等处，极为壮观，是世界著名的庭园观赏树种之一，具有较强的防尘、减噪与杀菌能力。其主干下部的大枝平展，针叶簇生、常绿，短枝形似一朵朵的雪花生长在主枝上，形成繁茂雄伟的树冠和可观赏的枝形，列植于园路的两侧，呈现宏伟壮观气势。

2. 华山松(图 1-2-2)

【科属】松科松属

【学名】*Pinus armandii* Franch.

【别名】白松(河南)、五须松(四川)、果松、青松(云南)

【主要识别要点】常绿乔木。树皮灰绿色，幼树树皮不开裂，老树树皮方块状开裂不脱落。小枝平滑无毛暗绿色。叶五针一束。雌球果圆锥状长卵形，翌年 9～10 月成熟，种子近无翅。

图 1-2-2　华山松

【分布及生态特性】分布于山西、河南、陕西、甘肃、青海、西藏、四川、湖北、云南、贵州、台湾等地。喜温和、凉爽、湿润气候；耐寒、不耐炎热，在高温季节长的地方生长不良；喜排水良好，能适应多种土壤，不耐盐碱土，耐瘠薄能力不如油松、白皮松；浅根性，主根不明显，多分布在 1～1.2m 的土层中，侧根须根发达；对二氧化硫抗性强。

【园林用途】高大挺拔，针叶苍翠，冠形优美，生长迅速，是优良的庭园绿化树种。在园林绿化中可用作园景树、庭荫树、行道树及林带树，也可用于群植，成为山区风景旅游区的优良风景林树种。

3. 白皮松(图 1-2-3)

【科属】松科松属

【学名】*Pinus bungeana* Zucc. ex Endl.

【别名】白骨松、三针松、白果松、虎皮松

【主要识别要点】常绿乔木。树冠阔圆锥形。树皮不规则鳞片状脱落，幼树树干淡灰绿色或粉白色相间，好似军人穿着的迷彩服，老树树干银白色，如北海团城的“白袍将军”。小枝灰绿色。针叶三针一束。雌球果圆锥状卵形，鳞脐有刺。

【分布及生态特性】原产于中国，是中国特有树种。在山西、山东、河南、河北、陕西、甘肃、四川等地都有分布。喜光树种，略耐阴；耐旱、耐干燥瘠薄、抗寒力强，是松类树种中能适应钙质黄土及轻度盐碱土壤的主要针叶树种。在深厚肥沃、向阳温暖、排水良好之地生长最为茂盛。

【园林用途】白皮松是中国华北及其他适应地区城市、庭园、路旁美化绿化的珍贵树种，也是森林公园、风景区优化配置的首选树种之一。干皮斑驳乳白色之美，针叶短粗之亮丽，孤植、列植均具高度观赏价值。

图 1-2-3　白皮松

4. 白杄(图 1-2-4)

图 1-2-4　白杄

【科属】松科云杉属

【学名】*Pice ameyeri* Rehd. et Wils.

【别名】云杉、麦氏云杉、毛枝云杉、白儿松、钝叶杉等

【主要识别要点】常绿乔木。树冠圆锥形。树皮灰褐色，不规则薄片状脱落。枝黄褐色坚硬直立。针叶为四棱状条形，粉绿色。芽多为圆锥形、褐色，上部芽鳞先端常向外反卷或展开。

【分布及生态特性】中国特产树种，是国产云杉中分布较广的树种。在山西五台

山，河北小五台山、雾灵山，陕西华山等地均有分布，华北地区如北京等地园林中多有栽培。耐阴树种，耐阴性、耐寒性强；喜空气湿润气候；喜中性至微酸性土壤的生长环境，但在微碱性土壤中也能生长；属于浅根性树种，但有一定的可塑性，视土层厚度而有所不同。

【园林用途】 树形端正，枝叶茂密，其下部主枝寿命长，最适于孤植，是极具观赏性的园景树种。

5. ‘龙柏’（图 1-2-5）

【科属】 柏科圆柏属

【学名】 *Sabina chinensis*（L.）Ant. ‘Kaizuca’

【别名】 缨丝柏、绕龙柏、龙爪柏

【主要识别要点】 龙柏是圆柏的栽培品种。树冠圆柱形、塔形或卵形。树皮深灰色纵裂，偶见脱落。侧枝扭曲向上直伸，小枝密生，圆锥状旋转上升。幼叶淡黄绿色，后呈翠绿色；叶为鳞形叶，偶见刺叶。雌球果被白粉，熟时蓝黑色，球果不开裂。

【分布及生态特性】 主产于长江流域、淮河流域，经过多年的引种，现在山东、河南、河北等地也有栽培，主要产地为浙江、安徽、江苏、山东等。喜阳，稍耐阴；喜温暖、湿润环境；抗寒，抗干旱，但忌积水，排水不良时易产生落叶或生长不良；适于干燥、肥沃、深厚的土壤，对土壤酸碱度适应性强，较耐盐碱；对二氧化硫和氯气抗性强，但对烟尘的抗性较差。

【园林用途】 树形自然而丰满，小枝翠绿，常种植于庭园中作园景树，也常用于园林绿化，如街道绿化、小区绿化、公路绿化等。

图 1-2-5 ‘龙柏’

6. 早园竹（图 1-2-6）

【科属】 禾本科刚竹属

【学名】 *Phyllostachys propinqua* McClure.

【别名】 沙竹、桂竹、雷竹

【主要识别要点】 干高 4 ~ 10m，茎粗 3 ~ 5cm，幼秆绿色被白粉；节部的箨环、秆环都有颜色的改变及明显的结构的隆起；箨鞘背

图 1-2-6　早园竹

面淡红褐色或黄褐色，偶见紫斑无毛，被白粉；箨舌弧形、淡褐色。每个小枝 3 ~ 5 片叶。

【分布及生态特性】原产于中国，在河南、江苏、安徽、浙江、贵州、广西、湖北等地都有栽培。喜光，较耐阴；耐寒，适应性强；在轻盐、碱、沙地及低洼地都能生长，以湿润肥沃的土壤生长最佳。是华北地区园林栽培观赏的主要竹种。

【园林用途】姿态优美，其竹秆的翠绿及节和节间的明显特征，极具观赏性。在江苏、浙江、上海、山东、天津、河南、北京等地引种表现良好。早园竹是城市中被广泛用于公园、庭园、厂区的园林绿化树种。北京的紫竹院公园中栽植有大量的早园竹。

二、认知落叶园景树

7. 合欢(图 1-2-7)

【科属】含羞草科合欢属

【学名】*Albizzia julibrissin* Durazz.

【别名】夜合树、绒花树、马缨花

【主要识别要点】落叶乔木。树皮褐灰色或淡灰色，不裂。二回羽状复叶，小叶镰刀形对生，羽片 4 ~ 12 对，白天对开，夜间合拢。头状花序，具细长的总柄；花萼和花瓣黄绿色；花丝粉红色，细长如绒缨。冬季小枝土黄色，顶端为“之”字形，浅黄色扁平、条形荚果。

图 1-2-7　合欢

【分布及生态特性】原产于亚洲和非洲。在我国华北、华南、西南地区以及辽宁、河北、河南、陕西等地广泛栽培。喜光、适应性强，有一定的耐寒性；喜温暖湿润的环境，对气候和土壤适应性强；耐旱、耐瘠薄，但不耐水涝，宜在排水良好、肥沃土壤生长。

【园林用途】树形姿势优美，叶形雅致，盛夏(6～7 月)紫红色的花丝聚集成球形花序，似绒花满树，有色有香，给人以轻柔舒畅之感，叶子昼开夜合，如同人类也具有明显的生物钟节律，十分奇特，是美丽的庭园观赏树种。在园林应用中宜作园景树、庭荫树和行道树，是庭园点缀较佳的树种，也可植于房前、草坪、山坡、林缘，观赏效果都很好。

8. 玉兰(图 1-2-8)

【科属】木兰科木兰属

【学名】*Magnolia denudata* Desr.

【别名】白玉兰、望春花、玉兰花

【主要识别要点】落叶乔木。树冠卵形或近球形，树皮灰白色。幼枝及芽均有毛。叶革质。花纯白色，花被肉质，花萼花瓣相似，花被片 9 枚；花大芳香，先叶开放。聚合蓇葖果。冬态小枝褐色，有环状托叶痕，冬花芽毛笔状，芽鳞 1 枚。

图 1-2-8　玉兰

【分布及生态特性】原产于中国，在我国各大城市园林绿化中广泛应用，北京有大量栽培。性喜光，稍耐阴；颇耐寒，北京地区可露地越冬。喜肥沃、湿润及排水良好而带微酸性的砂质土壤，在弱碱性的土壤上亦可生长，对温度很敏感。肉质根，怕水涝。北京花期 3～4 月，南北花期可相差 4～5 个月，即使在同一地区，每年花期早晚变化也很大。

【园林用途】玉兰为庭园名贵的观赏树，是我国北方早春重要的观花树木，早春盛开时，硕大的白色花瓣十分耀眼，有很高的观赏价值，加上浓香阵阵，沁人心脾，引人驻足拍照留念。宜在开阔的草坪、亭、台、楼、阁前孤植，也可在道路两侧作行道树。近年来木兰科的植物品种在北京有了大量的栽培，如黄玉兰、二乔玉兰、紫玉兰等随处可见，已成为北京不可缺少的春季观花树种。

9. 柿树(图 1-2-9)

【科属】柿树科柿树属

【学名】*Diospyros kaki* L. f.

【别名】柿子、朱果、猴枣

图 1-2-9 柿树

【主要识别要点】落叶乔木。树皮暗灰色，方块状裂不脱落。单叶互生，叶近椭圆形、全缘，表面深绿色，有光泽。雌雄异株或同株；花单性，花冠合生，浅绿色、四裂。果实为浆果，熟时橙黄色或鲜黄色，花萼宿存。冬季小枝顶端有褐色绒毛，叶迹新月形或弯眉形。花期 5～6 月，9～10 月果熟。

【分布及生态特性】原产于我国长江至黄河流域，华北地区广为栽培。喜光树种，喜温暖，耐寒；喜湿润，也耐干旱，能在空气干燥而土壤较为潮湿的环境下生长，但忌积水；深根性，根系强大，吸水、吸肥力强；耐瘠薄，适应性强，不喜砂质土，在北京郊区山上有大量栽培。

【园林用途】树形优美，叶大呈浓绿色而有光泽，叶秋季红色，尤其是深秋果实逐渐成熟，橘红色的果实高高地挂在树上并悬于绿荫丛中，极为美观，是观叶、观果俱佳的果树和观赏树种，适于公园、庭院中孤植或成片种植，山区风景区也有大量的绿化配置。

10. 山桃(图 1-2-10)

【科属】蔷薇科李属

【学名】*Prunus davidiana* Franch.

【别名】花桃、野桃

【主要识别要点】落叶小乔木。树皮棕褐色，有光泽，有横纹。小枝棕红或灰褐色，光滑有光泽。花芽钝形、褐色，芽鳞粗糙。叶狭卵形或披针形，无毛，叶尖渐尖。花单生，花瓣 5 枚，阔倒卵形，淡粉红色或白色。核果球形，黄绿色，表面有黄褐色柔毛；果实球形。花期 3～4 月。

【分布及生态特性】广泛分布于吉林、辽宁、北京、山东、山西、江苏、安徽、河北等地。多生长在向阳的石灰岩山地，喜光，耐寒；耐干旱、瘠薄，但怕涝；对土壤适应性强，一般土质都能生长，因此常用它作李、杏、梅、樱的砧木。

【园林用途】山桃花期一般为3月下旬，花先于叶开放，早春繁花盛开美丽可观，并有曲枝、白花等变异类型，令人赏心悦目。园林绿化中宜成片植于山坡，尤其与苍松翠柏为背景，更显示其娇艳美丽。在庭院、草坪、水际、林缘、建筑物前零星栽植也适用。

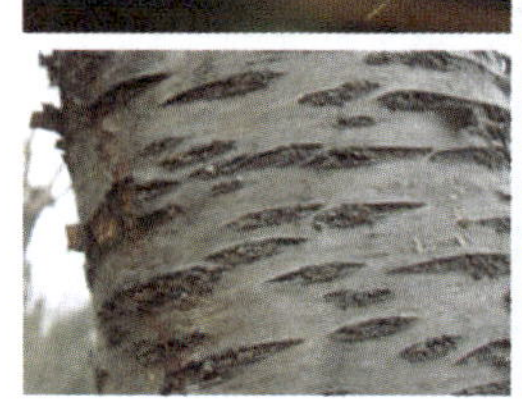

图 1-2-10　山桃

11. 山杏(图 1-2-11)

【科属】蔷薇科李属

【学名】*Prunus sibirica* L.

【别名】杏子、野杏、苦杏仁

【主要识别要点】灌木或小乔木。树冠圆整，树干多有锥状短枝。树皮暗灰色，不规则纵裂。小枝无毛，褐色或淡红褐色。叶片卵形或近圆形，叶尖渐尖或尾尖，基部圆形至近心形，叶边有细钝锯齿，两面无毛。花白色或淡粉红色，单生，先叶开放，花瓣近圆形或倒卵形。果实扁球形，小于果品杏，熟时黄色或橘红色，有时具红晕，被短柔毛，味酸涩不可食。冬芽褐色、圆钝、渐尖、光滑。

图 1-2-11　山杏

【分布及生态特性】分布于我国的黑龙江、吉林、辽宁、内蒙古、北京、河北、山西、陕西、宁夏、甘肃、青海、新疆、河南等地。喜阳，抗低温能力强；深根性，根系发达；因多生长在山上，表现出抗旱、耐瘠薄、耐盐碱，但极不耐涝；最适宜在土层深厚、排水良好的砂质土壤中生长。

【园林用途】山杏花期在3月下旬或4月上旬，仅晚于山桃的花期。花先叶开放，初花粉红，盛花白色，有“西山晴雪”之称。在园林绿地中，多配置于水榭、湖畔，常绿树、古树、山石旁作配景，也可植于公园、厂矿、机关、庭院。此外，山杏也作为山地防风造林树种。

12. 碧桃(图1-2-12)

【科属】蔷薇科李属

【学名】*Prunus persica* L. var. *duplex* Rehd.

【别名】粉红碧桃、千叶碧桃

【主要识别要点】桃的一个品种。落叶小乔木。叶椭圆披针形。花淡红色重瓣或半重瓣。冬季小枝向光面常呈棕红色，背光面常呈绿色，有并生副芽，芽上附毛。常见桃的观花栽培品种和变型还有白碧桃、红碧桃、菊花碧桃、垂枝碧桃、红叶碧桃、绛桃等。

【分布及生态特性】原产中国，分布于西北、华北、华东、西南等地。现世界各国均已引种栽培。喜光、耐旱；要求土壤肥沃、排水良好的生长环境；耐寒能力不如桃，在北京背风处可以越冬；根系浅，怕大风；不耐水湿，水泡3～5天受害，甚至死亡。

图1-2-12　碧桃

【园林用途】碧桃花大色艳，花期美妩媚可爱，加之品种繁多，易栽培，故在北方园林中大量种植。常在湖边、道路两侧和公园等处栽植，也用于庭院绿化点缀、私家花园。此外，选择适宜的栽植背景以烘托碧桃的娇艳之美也很重要。碧桃的园林绿化应用广泛，美化效果突出，尤其是‘红叶’碧桃是园林绿化中常用的彩叶配色木本树种之一。

13. 西府海棠(图1-2-13)

【科属】蔷薇科苹果属

【学名】*Malus micromalus* Mak.

【别名】小果海棠、重瓣粉海棠

【主要识别要点】海棠花的一个变种。落叶小乔木。树态俏丽，树冠直立紧凑。小枝圆柱形，直立；幼时红褐色，被短柔毛；老时暗褐色，无毛。叶片椭圆形至长椭圆形，先端渐尖或圆钝，基部宽楔形或近圆形；叶缘有细锯齿，有时部分全缘。花序近伞形，具花5~8朵；花重瓣，花冠卵形，基部具有短爪，花蕾时甚红，初开放时淡粉红色，后逐渐变白色。果实球形，黄色。

图1-2-13　西府海棠

【分布及生态特性】原产于我国，主要分布在云南、甘肃、陕西、山东、山西、河北、辽宁等地。喜光，耐寒；耐干旱，忌水涝；最适于肥沃、疏松又排水良好的砂质壤土中生长，在北方干燥地区生长也很好。

【园林用途】北京街头随处可见，花开时节花色艳丽，花朵红粉相间，叶子嫩绿可爱，果实鲜美诱人，是我国久经栽培的著名观赏树种，不论孤植、列植均极为美观。北京故宫的御花园内和颐和园的庭园中都能看到西府海棠的身影，盛花时节迎风峭立，与玉兰、牡丹、桂花相伴，蕴含和表达着“玉棠春富贵”之意。

14. 紫叶李(图1-2-14)

【科属】蔷薇科李属

【学名】*Prunus ceraifera* Ehrh. f. *atropurpurea*（Jacq）Rehd.

【别名】红叶李

【主要识别要点】落叶小乔木。干皮紫灰色。小枝紫红色，均光滑无毛；单叶互生，叶卵圆形或长圆形状披针形，先端短尖，基部楔形；叶缘具尖细锯齿，色暗绿色或紫红。花单生或2朵簇生，白里透紫色。核果球形，酒红色，光亮或微被白粉。

【分布及生态特性】原产亚洲西南部，中国华北及其以南地区广为种植。暖温带树种，喜光，在荫蔽环境下叶色不鲜艳。喜温暖、湿润气候，不耐寒；对土壤适应性强，以砂砾土为好，黏质土亦能生长；根系较浅，萌生力较强。

【园林用途】叶常年紫红色，是著名的彩叶树种，孤植、群植均可。宜于建筑物前及园路旁或草坪上栽植，但须考虑背景色彩的搭配，方可充分烘托出色彩美。

图 1-2-14　紫叶李

15. 黄栌（图 1-2-15）

【科属】漆树科黄栌属

【学名】*Cotinus coggygria* Scop.

【别名】黄道栌、黄栌材

【主要识别要点】落叶灌木或小乔木。树皮暗灰褐色。小枝紫褐色。单叶互生，倒卵形，先端圆或微凹，基部圆形或楔形，全缘。大型圆锥花序顶生；花小杂性，黄绿色，花多数为不孕花，细长花梗宿存，呈紫绿色羽毛状。花期4～5月。

【分布及生态特性】原产我国北部、中部经喜马拉雅山至欧洲南部。多生于海拔600～1500m向阳的山林中。北京山区多有种植。喜光，也耐半阴；耐寒，耐干旱、瘠薄和碱性土壤，但不耐水湿；以深厚、肥沃且排水良好的砂壤土生长最好；根系发达，萌蘖性强；对二氧化硫有较强的抗性。

图 1-2-15　黄栌

【园林用途】叶片秋季变红，鲜艳夺目，是著名的秋季观赏红叶树种之一，也是北京香山观红叶的重要树种。初夏时节淡紫色羽毛状的花梗聚集于枝端，远远望去就像万缕罗纱绕林间，故有“烟树”之称；每当秋季到来，漫山遍野层林尽染，游人云集，一睹其风韵。在园林中适宜丛植于草坪、土丘或山坡，亦可混植于其他树群之间，尤其是常绿树间，秋季很美。

16. 垂柳(图 1-2-16)

【科属】杨柳科柳属

【学名】*Salix babylonica* L.

【别名】垂枝柳、倒挂柳、清明柳、线柳、青龙须等

【主要识别要点】落叶乔木。小枝细长下垂，淡黄褐色。叶互生，披针形或条状披针形。雄蕊2，腺体2；雌花子房无柄，在子房腹面有1个腺体；雌雄异株，雌株飞絮。花期3～4月，果期4～5月。

【分布及生态特性】主要分布于长江流域及其以南各平原地区，华北、东北地区有栽培。喜光，喜温暖、湿润气候及潮湿深厚的微酸至中性土壤；耐寒性较强，耐水湿，在河滩、沟谷、低湿地生长良好；萌芽力强，根系发达。

图 1-2-16　垂柳

【园林用途】垂柳枝条细长，柔软下垂，随风飘舞，姿态优美潇洒，植于河岸及湖边最为理想，柔条依依拂水，别有韵味，自古即为重要的庭园观赏树。北京的紫竹院公园是观赏垂柳最好的地方。可用作行道树、庭荫树、固岸护堤树及平原造林树种。

17. 梅花(图 1-2-17)

【科属】蔷薇科李属

【学名】*Prumus mume* Sieb. et Zucc.

【别名】酸梅、绿萼梅

【主要识别要点】落叶小乔木，稀为灌木。树皮浅灰色或带绿色，平滑，多有枝刺；小枝绿色，光滑无毛。叶片卵形或椭圆形，叶尖渐尖或尾尖，基部宽楔形至圆形。叶缘有锯齿。花先叶开放，花梗短，单生或2生；花冠白色至粉红色，浓香；花萼常为红褐色，但有些品种的花萼为绿色或绿紫色，先端圆钝。果实近球形，熟时黄绿色或绿白色，被柔毛，味酸。花期在春季。冬小枝翠绿色。

【分布及生态特性】梅花在我国自然分布范围很广，北界是秦岭南坡，西起西藏通麦，南至云南、广东，已有多个省(自治区、直辖市)或地区有梅的分

图 1-2-17 梅花

布。我国北方栽培地区绝大多数是以栽培观赏的梅花为主，赏梅最为集中的地带为长江流域。喜温暖、湿润的气候，在光照充足、通风良好条件下能较好生长；对土壤要求不严，但在表土疏松、肥沃，排水良好的湿润土壤中生长良好；耐瘠薄、半耐寒，怕积水。

【园林用途】梅花寓意是坚强、高雅和忠贞，梅花和竹子、松树并称为"岁寒三友"。梅花因处在不同的地理位置，花期有所不同。"梅花香自苦寒来"指的是在南方赏梅，而在北京花期为 3 ~ 4 月。在园林应用中，可孤植、丛植、群植等；也可于绿地、庭园、风景区配置，尤其是用常绿乔木作背景，更可衬托出梅花玉洁冰清之美。如松、竹、梅相搭配，更有意境；也可作盆景和切花，以美化庭院等环境。

18. 楸树（图 1-2-18）

【科属】紫葳科梓属

【学名】*Catalpa bungei* C. A. Mey.

【别名】梓桐、金丝楸、水桐

【主要识别要点】落叶乔木。干皮纵裂，小枝粗壮，浅褐色。叶三角状卵形或卵状长圆形，叶背无毛，基部有 2 个紫斑，多为三叶轮生，叶痕圆形，节上 3 个叶痕排成一轮。唇形花冠淡紫色，花冠内侧面有黄色条纹及暗紫色斑点。蒴果粗线形，长 25 ~ 45cm，宽约 6mm；种子狭长椭圆形，两端生长毛。花期 4 ~ 5 月，果期 6 ~ 10 月。楸树为异花授粉树种，自花不孕，往往开花而不结实。

图 1-2-18 楸树

【分布及生态特性】原产中国，主产黄河流域和长江流域，以河南、山西、陕西、山东、江苏较为普遍，在北京、河北、内蒙古、安徽、浙江等地也有分布。喜光，不耐寒冷，适生长于年平均气温 10 ~ 15℃，年降水量 700 ~ 1200mm 的环境；喜深厚、肥沃、湿润的土壤；不耐干旱、积水；耐烟尘、抗有害气体能力强。

【园林用途】枝干挺拔，树形秀伟，花开淡紫素雅，花大美丽，宜作园景树及庭荫树，作为园林观赏树种。自古以来楸树被广泛栽植于皇宫庭院，如北京的北海、颐和园等游览圣地。

19. 山楂(图 1-2-19)

【科属】蔷薇科山楂属

【学名】*Crataegus pinnatifida* Bunge.

【别名】山里红、红果、红山果

【主要识别要点】落叶小乔木。树皮暗灰色。小枝棕褐色，浅灰色皮孔明显。单叶互生或于短枝上簇生，叶片宽卵形。伞房花序，花白色。果实球形，熟后深红色，表面具浅灰色小斑点。花期 5 ~ 6 月，果期 7 ~ 10 月。冬态为典型的合轴分枝类型。

图 1-2-19　山楂

【分布及生态特性】主要分布于山西、河北、山东、辽宁、河南等地，盛产于山东泰沂山区。适应能力强，抗洪涝能力超强，容易栽培。

【园林用途】树冠开展、整齐，枝叶繁茂，病虫害少，花色鲜艳、果色宜人，是公园、宅院绿化的良好观赏树种之一。

20. 樱花(图 1-2-20)

【科属】蔷薇科李属

【学名】*Prunus serrulata* Lindl.

【别名】山樱花、东京樱花

【主要识别要点】落叶乔木。树皮紫褐色，平滑有光泽，有横黄色皮孔。叶互生，边缘有重锯齿；叶柄上端有腺点。花 3 朵、5 朵成一簇，呈伞形花序，花瓣先端有缺刻，花色多为白色或红色。花于 3 月下旬与叶同放。

【分布及生态特性】原产北半球温带喜马拉雅山地区。在世界各地都有栽培，以日本樱花最为著名，北京的玉渊潭公园是观赏樱花最佳的地点。喜光，喜肥

图 1-2-20 樱花

沃、深厚而排水良好的微酸性土壤或中性土壤，不耐盐碱；耐寒，喜空气湿度大的环境；因其根系较浅，忌积水；对烟尘和有害气体的抵抗力较差。

【园林用途】树形直立，树冠开展，叶片油亮，遮阴较好，花朵鲜艳亮丽，是园林绿化中优秀的观花树种。广泛应用于道路、小区、公园、庭院、河堤等地点的绿化，绿化效果非常显著。樱花的移栽成活率极高，易管理，是园林绿化十分有发展前景的乔木树种。

知识链接

一、植物叶的基本概念

1. 叶枕

叶枕是指植物叶柄或叶片基部(无柄叶)显著突出或较扁的膨大部分。很多植物的叶都有叶枕，如云杉属树木、刺槐、含羞草等。

2. 叶镶嵌

无论互生、对生或轮生叶序，相邻两个节上的叶片始终不会重叠，它们总是以一定的角度彼此相互错开生长，这种在同一枝上的叶以镶嵌状态排列而不重叠的现象，称为叶镶嵌。通过叶柄的不等长、叶柄的扭曲、叶片的角度等生长和排列方式而达到镶嵌排列。叶镶嵌的意义在于使上下叶片间不互相遮蔽，有利于提高光能利用率。

3. 异形叶

因树龄的不同，枝上的叶形有所不同，如圆柏，幼枝上产生刺形叶，老枝上产生鳞叶。

4. 等面叶

许多单子叶植物和部分双子叶植物的叶片，近乎于与地面垂直的方向生长，叶片两面受光均匀，因而内部的叶肉组织分化比较均衡，无明显的组织分化，这样的叶称为等面叶。如高羊茅、崂峪苔草、竹子等植物的叶。

5. 异面叶

在叶的外形和结构上，背面和腹面有所区别的叶称作异面叶。通常是上叶面受光，其叶肉细胞呈紧密垂直状排列，形成光合作用效率很高的栅栏组织，颜色深绿；而下叶面背光，其叶肉细胞分布松散，形成光合作用效率较低的海绵组织，颜色浅绿，如柿树、金银木等植物的叶。这类叶片在植物界要远远多于等面叶。

二、叶的类型及组成

叶的类型分为单叶和复叶两种。

1. 单叶及其组成

每个叶柄上只有一个叶片的叶叫作单叶[图 1-2-22(a)]，如元宝枫、榆树、毛白杨、悬铃木、椴树等的叶都为单叶。典型的叶由叶片、叶柄、托叶三部分组成，称为完全叶(图 1-2-21)。如椴树、月季、稠李、贴梗海棠、悬铃木等是完全叶。缺少其中一部分组成的叶称为不完全叶，如丁香、黄栌、大叶黄杨等。

图 1-2-21　完全叶的组成

2. 复叶

每个叶柄上有两个以上叶片的叶叫作复叶。复叶按小叶排列方式的不同又分为羽状复叶和掌状复叶。羽状复叶又包括奇数羽状复叶[图 1-2-22(b)]和偶数羽状复叶。如臭椿、槐树、栾树等是奇数羽状复叶；皂角、香椿是偶数羽状复叶；鹅掌柴、七叶树、五叶地锦的叶为掌状复叶[图 1-2-22(c)]。

图 1-2-22　叶的类型

(a)单叶　(b)奇数羽状复叶　(c)掌状复叶

三、禾本科植物叶的组成

禾本科植物叶的组成比较特殊，是由叶片、叶鞘、叶舌、叶耳四部分构成。

1. 叶片

多为带状、扁平，叶脉为平行脉。

2. 叶鞘

叶鞘是指叶柄为鞘状，包于茎的节间之外，有保护茎上的幼芽和居间分生组织的作用，并有增强茎的支持力的功能。

3. 叶舌

在叶片和叶鞘交界处的内侧常生有很小的膜状突起物，称叶舌。能防止雨水和异物进入叶鞘的筒内。

4. 叶耳

在叶舌的两侧，由叶片基部边缘伸出两片耳状小突起，具有保护作用。叶在形态上的多样性，是植物种类形态特征的重要方面，也是识别植物类型的重要特征之一，不同植物叶的形态有所不同，了解叶的形态能有效地帮助我们识别不同树种夏态，从而区别不同植物。

四、叶的形态

在区分植物种类时常借鉴叶形、叶缘、叶裂、叶脉等形态来识别植物。

1. 叶形

叶形是指叶片的基本形状。常见的叶形有圆形、椭圆形、三角形、卵形、倒卵形、披针形、倒披针形、心形、剑形等(图 1-2-23)。在叶形特点中还有叶基和叶尖的描述，识别植物时需加注意。

图 1-2-23　叶片的类型

(a)圆形　(b)椭圆形　(c)三角形　(d)倒卵形　(e)披针形

2. 叶缘

叶缘是指叶边缘的形状。常见的叶缘有全缘、牙齿缘、波状缘、锯齿缘、重

图 1-2-24　叶缘类型

(a)全缘　(b)牙齿缘　(c)波状缘　(d)锯齿缘　(e)重锯齿缘

锯齿缘等(图 1-2-24)。

3. 叶裂

叶裂是指叶片出现裂痕。根据裂痕的深浅程度，叶裂分为浅裂(裂痕浅于叶片的 1/2)、深裂(裂痕超出叶片的 1/2，但未达主脉)、全裂(裂痕达主脉或叶片基部)(图 1-2-25)。

图 1-2-25　叶裂的类型

(a)浅裂　(b)深裂　(c)全裂

4. 叶脉

叶脉是叶片上可见的脉纹，是贯穿于叶肉之间的维管组织，具有输导和支持功能。双子叶植物与单子叶植物叶脉有明显的不同，即便是双子叶植物叶脉也有所区别。常见的叶脉类型有 4 种：网状脉、平行脉、二叉脉、弧形脉(图 1-2-26)。

图 1-2-26　叶脉的类型

(a)网状脉　(b)平行脉　(c)二叉脉　(d)弧形脉

五、叶序

叶子在枝条上着生的顺序称为叶序。常见的有互生叶序、对生叶序、轮生叶序、簇生叶序(图 1-2-27)。

1. 互生叶序

互生叶序指枝条每节只生一片叶，上下相邻节上的叶交互而生。如桃、樱花、槐树、月季等。

2. 对生叶序

对生叶序指枝条每节上着生 2 片叶并相对排列。如白蜡树、鸡麻、丁香、红瑞木、天目琼花等。对生叶序相邻两节的两叶交叉着生，呈十字形排列称交互对生。如金银木、丝绵木等。

3. 轮生叶序

轮生叶序指枝条每节上着生 3 个或 3 个以上呈辐射状排列的叶序。如夹竹桃、栀子、楸树、梓树等。

4. 簇生叶序

叶在短枝上呈簇生形式为簇生叶序。如银杏、鹅掌楸、雪松等。

图 1-2-27 叶序的类型

(a)互生 (b)对生 (c)轮生 (d)簇生

三、20 种园景树基本信息汇总表(表 1-2-1)

表 1-2-1 20 种园景树基本信息汇总

序号	中文名	别 名	学 名	科 属	观赏点	观赏期
1	雪松	宝塔松	*Cedrus deodara* (Roxb.) G. Don.	松科雪松属	树形	全年
2	华山松	白松、五须松、果松、青松	*Pinus armandii* Franch.	松科松属	树形	全年
3	白皮松	白骨松、三针松、白果松、虎皮松	*Pinus bungeana* Zucc. ex Endl.	松科松属	树干	全年

（续）

序号	中文名	别　名	学　名	科　属	观赏点	观赏期
4	白杆	云杉、麦氏云杉、毛枝云杉、白儿松、钝叶杉	*Pice ameyeri* Rehd. et Wils.	松科云杉属	树形	全年
5	‘龙柏’	缧丝柏、绕龙柏、龙爪柏	*Sabina chinensis* (L.) Antoine ‘Kaizuca’	柏科圆柏属	树形	全年
6	早园竹	沙竹、桂竹、雷竹	*Phyllostachys propinqua* McClure.	禾本科刚竹属	茎、叶	全年
7	合欢	夜合树、绒花树、马缨花	*Albizzia julibrissin* Durazz.	含羞草科合欢属	叶、花	6~7月
8	玉兰	白玉兰、望春花、玉兰花	*Magnolia denudata* Desr.	木兰科木兰属	花	3~4月
9	柿树	柿子、朱果、猴枣	*Diospyros kaki* L. f.	柿树科柿树属	果实	10月
10	山桃	花桃、野桃	*Prunus davidiana* Franch.	蔷薇科李属	花	3月
11	山杏	杏子、野杏、苦杏仁	*Prunus sibirica* L.	蔷薇科李属	花、果	3月
12	碧桃	粉红碧桃、千叶碧桃	*Prunus persica* L. var. *duplex* Rehd.	蔷薇科李属	花	3~4月
13	西府海棠	小果海棠、重瓣粉海棠	*Malus micromalus* Mak.	蔷薇科苹果属	树形、花	3~4月
14	紫叶李	红叶李	*Prunus ceraifera* Ehrh. f. *atropurpurea* (Jacq) Rehd.	蔷薇科李属	花、叶	3~4月
15	黄栌	黄道栌、黄栌材	*Cotinus coggygria* Scop.	漆树科黄栌属	花序、叶	5月、10月
16	垂柳	垂枝柳、倒挂柳、清明柳、线柳、青龙须	*Salix babylonica* L.	杨柳科柳属	树形	全年
17	梅花	酸梅、绿萼梅	*Prumus mume* Sieb. et Zucc.	蔷薇科李属	花	3月
18	楸树	梓桐、金丝楸、水桐	*Catalpa bungei* C. A. Mey.	紫葳科梓属	树冠、花	4~5月
19	山楂	山里红、红果、红山果	*Crataegus pinnatifida* Bunge.	蔷薇科山楂属	花、果	10月
20	樱花	山樱花、东京樱花	*Prunus serrulata* Lindl.	蔷薇科李属	花	3~4月

知识拓展

一、园景树的选择标准

园景树属于孤植树，通常作为庭园、庭院、绿地、公园的中心景观，既可观形、赏叶，也可观花、赏果。对于园景树的选择要考虑有显著的观赏对象。

1. 观树形

要求树形高大，主干挺拔，主枝舒展，树冠端庄，姿态优美。

2. 观树色

苍枝驳干，叶色艳丽，叶的季相景观壮丽。如著名的入秋红叶树种三角枫、元宝枫、黄栌；黄叶树种银杏、白蜡树、杂交马褂木等；迷彩服色的白皮松；彩叶树种的紫叶李和紫叶矮樱等。

3. 观花类

观花类如春季的玉兰、樱花、碧桃、迎春；夏季的紫薇、石榴、锦带花、合欢；秋季的木槿、秋葵、槐树等。

4. 观叶类

观叶的有叶形似折扇的银杏，叶形奇特似马褂的鹅掌楸等。

5. 观果类

观果一般在秋、冬季效果最佳，如柿树、石榴、枸橘、平枝栒子、山楂、金银木、天目琼花等，是城市绿化经常选择用于秋季观果的树种。

二、世界著名的五大园景树

1. 雪松

雪松是世界五大庭园树木，《圣经》中称之为“植物之王”或神树。

2. 金钱松

落叶乔木，产于我国中部和东南部，因其叶入秋后变金黄色，所以是美丽的庭园观赏树。

3. 日本金松(伞松)

日本金松之所以跻身于世界五大观赏树种之列，主要原因是树姿和色彩美，树姿远看树冠像大伞，近看小枝像小伞形。

4. 南洋杉

南洋杉树冠为尖塔形，树形高大，姿态优美，枝叶茂盛，叶片呈三角形或卵形，为世界著名的庭园树之一。

5. 北美巨杉

北美巨杉又称爷爷树。常绿巨乔木，树冠呈金字塔形，树皮淡红棕色有沟，树枝下垂，中国有引入栽培。目前，世界公认的最大的巨杉是位于美国内华达红杉国家公园中的一株被称为“谢尔曼将军”的巨杉，至少已有3200年的树龄。

任务三　认知庭荫树

庭荫树是主要起到遮阴作用的树木，又称绿荫树、庇荫树。北方地区以选用落叶树为主。

任务说明

任务内容：完成庭荫树的调查；庭荫树应用的图片采集、整理及制作庭荫树应用的演示文稿，以小组为单位总结汇报。

学习内容：通过对 11 种庭荫树的识别，了解庭荫树的应用及常见概念，掌握叶的功能。

一、认知常见庭荫树

1. 梧桐（图 1-3-1）

【科属】梧桐科梧桐属

【学名】*Firmiana simplex*（L.）W. F. Wight.

【别名】青桐、桐麻

【主要识别要点】落叶大乔木。树冠卵圆形，树冠端直。树皮青绿色不裂并附有黑色的圆形叶痕。侧枝每年为阶状轮生。单叶掌状 3～5 裂，叶片与叶柄等长，10～20cm。圆锥花序顶生。蓇葖果革质，有柄，成熟前开裂成叶状；蓇葖果边缘有种子 2～4 粒，球形，豌豆大小，表面皱缩。冬季小枝粗壮翠绿色，幼枝轮生；顶芽大侧芽小，圆形，锈褐色。花期 6～7 月，果期 9～10 月。

图 1-3-1　梧桐

【分布及生态特性】原产于我国浙江、福建、江苏、安徽、江西、广东、湖北等地，从海南到山东、北京、河北均有分布。喜光、喜温暖气候；不耐寒，在北京越冬常有幼枝枯死的现象；适生于肥沃、深厚而湿润的壤土；不耐水湿，积水易烂根，受涝 3～5 天可致死；深根性，直根粗壮，寿命长。

【**园林用途**】树体高大挺拔，树干端直，树皮光滑绿色，树冠宽大如盖，叶大而碧绿，极具观赏价值。种子可榨油食用，为树木中之佼佼者。古人常把梧桐和凤凰联系在一起，凤凰是鸟中之王，而凤凰最乐于栖在梧桐之上，可见梧桐的地位之高贵。既是理想的庭荫树，也是一种优美的观赏树种，点缀于庭园、宅前，也种植作行道树。

2. 悬铃木(图1-3-2)

【**科属**】悬铃木科悬铃木属

【**学名**】*Platanus* spp.

【**别名**】法国梧桐、法桐

【**主要识别要点**】落叶大乔木。枝条开展，树冠广阔。树皮不规则片状剥落，剥落后树干呈灰绿或灰白色，光滑。掌状单叶互生，托叶大，幼叶被有星状毛。球形聚花果单生或成串着生。冬季小枝棕黄色，柄下芽，芽鳞1枚，有宿存的球形聚花果。

【**分布及生态特性**】分布于东南欧、印度和美洲。中国引入栽培的有3种。即一球悬铃木(美国梧桐)、二球悬铃木(英国梧桐)、三球悬铃木(法国梧桐)。这3种的主要区别在于果柄上有单生果球、二生果球、3~6果球。悬铃木是喜光速生树种，喜温暖气候；耐干旱、耐水湿、耐瘠薄；抗逆性强，不择土壤；萌芽力强，很耐重剪，耐移植，大树移植成活率极高。对城市环境适应性特别强，具有超强的吸收有害气体、抵抗烟尘、隔离噪声能力。

【**园林用途**】树形雄伟，侧枝分布匀称，叶大荫浓，一年四季叶色由浅绿渐变为深绿，直至黄色，浓荫的树叶既为炎热的夏季带来凉意，又为人们带来色彩变化的景观。是世界著名的优良庭荫树和行道树，有“行道树之王”之称。值得注意的是幼叶星状毛脱落时会引起人的上呼吸道及肺部疾病，所以切勿植于幼儿园、医院等场所。

图1-3-2　悬铃木

3. 元宝枫(图1-3-3)

【科属】槭树科槭树属

【学名】*Acer truncatum* Bunge.

【别名】平基槭、色树、元宝树

【主要识别要点】落叶乔木。树冠伞形或倒卵形。树皮灰黄色，有纵裂。单叶，掌状5裂；叶基截形，无毛。花黄绿色，花叶同放。双翅果形似元宝，故称为元宝枫。元宝枫秋季叶变红，是著名的北京香山红叶节中典型观红叶的树种。花期4月。冬季小枝黄褐或棕褐色，老树的树冠顶端常呈现二叉分枝形。

图1-3-3 元宝枫

【分布及生态特性】主产华北地区，广布于东北、华北地区，西至陕西、四川、湖北，南达浙江、江西等地。弱喜光树种，耐半阴；喜温凉湿润气候，耐寒性强，但如果环境过于干燥则对生长不利，在炎热地区也如此。对土壤要求不严，在酸性土、中性土及石灰性土中均能生长，但以湿润、肥沃、土层深厚的土中生长最好。深根性，生长速度中等，病虫害较少；能耐烟尘及有毒气体，对城市环境适应性强。

【园林用途】叶形秀丽，嫩叶棕红色，秋叶黄色、红色或紫红色，为优良的秋色叶树种。在观赏效果上，花开时节，花叶同放，满树黄绿，景色宜人；入秋后满山红遍，层林尽染，蔚为壮观。宜作庭荫树、行道树或配置于湖边、草地、建筑物旁。

4. 毛泡桐(图1-3-4)

【科属】玄参科泡桐属

【学名】*Paulownia tomentosa*(Thunb.)Steud.

【别名】紫花泡桐、绒毛泡桐

【主要识别要点】落叶乔木。树冠伞形。小枝粗壮；小枝、叶、花、果附有棕褐色短柔毛。叶大，近圆形或3～5裂。圆锥花序；花淡紫色或蓝紫色，花冠

图 1-3-4　毛泡桐

钟状。大型圆锥果序，卵圆形蒴果，种子有翅。花期 4 ~ 5 月。冬季可见成串黄褐色的球形越冬花蕾。

【分布及生态特性】 主产于我国的山西及河南西部，在长江中下游以北至辽宁南部、北京、山西太原、甘肃天水一线广大地区均有栽培；长江以南地区多有引种，分布范围较广。极喜光，不耐阴；喜温暖气候，对热量要求较高，不耐寒，北京冬季常出现一年生枝枯死现象；对土壤肥力、土层厚度和疏松程度也有较高要求，喜深厚、湿润、肥沃、疏松通气良好的土壤；忌水淹。

【园林用途】 树干端直，叶片宽大，树冠开张，早春紫花飘香，是很好的园景树和庭荫树。又因其小枝、叶片、花都被毛，能吸附大量烟尘及有毒气体，也是城市绿化极好的行道树，又是营造防护林的优良树种。

5. 刺槐（图 1-3-5）

【科属】 蝶形花科刺槐属

【学名】 *Robinia pseudoacacia* L.

【别名】 洋槐

【主要识别要点】 落叶乔木。树冠椭圆形或倒卵形。树皮灰黑褐色，纵裂。小枝灰褐色或浅褐色，小枝每节上有 1 对托叶刺。奇数羽状复叶，小叶 7 ~ 19 片。总状花序下垂；蝶形花冠，白色，芳香。褐色扁平荚果，种子肾形，黑色。花期 5 月。红花刺槐是刺槐的变种，与刺槐的形态区别表现在花为亮玫瑰红色，花比刺槐偏大，托叶刺短小。

【分布及生态特性】 原产北美洲，后引入中国，因其适应性强、生长快、

图 1-3-5　刺槐

繁殖易、用途广而受到欢迎。目前在国内已遍及华北、西北、东北南部的广大地区。强喜光树种，喜干燥而凉爽的气候；颇耐寒、耐干旱、耐瘠薄；对土壤要求不严，适应性很强，对土壤酸碱度不敏感；浅根性，侧根发达。

【园林用途】树冠高大，叶色鲜绿，5 月盛花期白绿相间，素雅而清香，是良好的庭荫树和园景树，加之目前北京街头出现红花洋槐，给城市环境带来了新的景观效应。刺槐也可作为行道树，同时是优良的蜜源植物。

6. 杂种鹅掌楸(图 1-3-6)

【科属】木兰科鹅掌楸属

【学名】*Liriodendron chinense* × *tulipifera*

【别名】马褂木

【主要识别要点】杂种鹅掌楸是20 世纪中叶，由南京林业大学叶培忠教授主持，于 1963 年用中国鹅掌楸与美国鹅掌楸杂交培育而成的落叶大乔木，具有明显的杂种优势。树冠圆锥形。树皮灰色。叶大，形似马褂，故有马褂木之称。小枝灰色或灰褐色。花单生枝顶，浅杯形；花被肉质 2 轮，外轮浅绿色，内轮橘黄色，形似郁金香，因此也有“中国郁金香”之称。聚合果，长 7～9cm。花期 5～6 月。

图 1-3-6　杂种鹅掌楸

【分布及生态特性】是中国特有的珍稀树种，这一新型杂交树种已被北京、南京、青岛等城市选为当地的重要园林绿化树种。抗逆性与生长特性均明显优于鹅掌楸。喜光，喜温暖、湿润气候；喜深厚肥沃和排水良好湿润土壤，在干旱土壤中生长不良，也忌低湿水涝；有一定的耐寒性，在北京地区小气候良好的条件下可露地安全越冬。

【园林用途】树形端正，树姿雄伟，叶形奇特似马褂；每年 5 月花开时，好似黄绿色的郁金香镶嵌在高大的绿丛中，美而不艳，令人赏心悦目；10 月叶变金黄，加之本树种无病虫害，既是极具特色的园景树，又是很好的庭荫树和行道树种。

7. 七叶树（图 1-3-7）

【科属】七叶树科七叶树属

【学名】*Aesculus chinensis* Bunge.

【别名】梭椤树、梭椤子、天师栗、猴板栗等

【主要识别要点】落叶大乔木。树皮深褐色或灰褐色。小枝粗壮，圆柱形，栗褐色，光滑无毛。掌状复叶，由 5～7 小叶组成。小花白色，大型直立密集圆柱形花序，小花序常由 5～10 朵花组成。果实球形或倒卵形，褐色似栗。花期 4～5 月。冬小枝灰褐色或栗褐色，顶芽圆盾、较大，芽鳞光亮，侧芽极小。

图 1-3-7　七叶树

【分布及生态特性】产于我国黄河流域及东部，包括陕西、甘肃、山西、河南、河北、江苏、浙江等地，自然分布于海拔 700m 以下的山地，在河北、河南、山西、陕西、北京均有栽培，而在黄河流域是优良的行道树和庭园树。喜光，稍耐阴；喜气候温和，较耐寒；喜深厚、肥沃、湿润的土壤环境；深根性，萌芽力强；生长速度中等偏慢，寿命长。但在炎热的夏季叶子易遭日灼。

【园林用途】树干耸直，树冠开阔，遮阴效果好，早春嫩枝初放时，嫩枝基部新叶绯红，醒目美观；夏季盛花期时，圆筒形硕大的白色花序高高地挺立在枝端，加之叶形奇特，极具观赏价值，是不可多得的庭园观赏树种。在我国七叶树与佛教有着很深的渊源，因此很多古刹名寺，如北京卧佛寺、大觉寺、潭柘寺都有千年以上古老的大树。除此之外，还可作道路、公园、广场绿化树种，既可孤植也可群植或与常绿树混栽，也可作行道树。

8. 水杉（图 1-3-8）

【科属】杉科水杉属

【学名】*Metasequoia glyptostroboides* Hu et Ching

【别名】梳子杉

【主要识别要点】落叶大乔木。树皮灰褐色或暗灰色，幼树裂成薄片脱落，大树裂成长条状脱落，内皮淡紫褐色。树冠尖塔形，枝叶稀疏。一年生枝光滑无毛，幼时绿色，后渐变成淡褐色，小枝对生，下垂。叶条形，叶在侧生小枝上排

图 1-3-8　水杉

成2列，羽状，冬季与小枝一同脱落。雌雄同株。球果下垂，近球形。主枝上的冬芽呈卵圆形或椭圆形，顶端钝，近交互对生，芽直立于小枝上，主枝褐色，有不同程度的脱皮，小枝浅褐色，光滑。

【分布及生态特性】分布于湖北、重庆、湖南三地交界的利川、石柱、龙山三县的局部地区，垂直分布为海拔750～1500m。适应性强，喜湿润。目前，全国许多地方都已引种，尤其以华南和华中各地栽培最多。亚洲、非洲、欧洲、美洲等50多个国家和地区也已引种栽培。北京以北京植物园、紫竹院公园较常见。

【园林用途】水杉是世界上珍稀的孑遗植物，有"活化石"之称。树姿优美，树体直立壮观，是典型的庭园观赏树，也是非常漂亮的秋叶观赏树种。在园林绿化中常列植或成片栽植，多见于堤岸、湖畔、庭院的绿化。对二氧化硫有一定的抵抗能力，也是工矿区绿化的优良树种。既可作行道树，也可作园景树。

9. 榆树(图1-3-9)

【科属】榆科榆属

【学名】*Ulums pumila* L.

【别名】家榆、榆钱、春榆、白榆等

【主要识别要点】落叶乔木。幼树树皮平滑，灰褐色或浅灰色；大树树皮暗灰色，不规则深纵裂，粗糙。小枝无毛或有毛，灰褐色、淡褐灰色或灰色。叶卵形、椭圆状披针形或卵状披针形，先端渐尖或长渐尖，基部偏斜或近对称，边缘具重锯齿或单锯齿，侧脉9～16对。花先叶开放，簇生。翅果近圆形。冬花芽大，近球形或卵圆形；芽鳞背面无毛，紫褐色；主枝呈互生的鱼骨刺状。

图 1-3-9　榆树

【分布及生态特性】原产中国，分布于东北、华北、西北及西南各地，长江下游各地有栽培。朝鲜、俄罗斯、蒙古也有分布。属于喜光树种，耐旱，耐寒，耐瘠薄，不择土壤，适应性很强。根系发达，抗风力、保土力强。萌芽力强，耐修剪。生长快，寿命长。但不耐水湿。抗污染性较强，尤其是抗二氧化碳及氯气的能力较强，叶表面也具有很强的滞尘能力。

【园林用途】树形高大，树冠开展，是良好的行道树、庭荫树和工厂绿化、营造防护林的绿化树种。同时因其老茎老根的萌芽能力强，也可制作盆景。在林业上也是营造防风林、水土保持林和盐碱地造林的主要树种之一。目前，榆树新优品种已广泛应用于城市绿化，如'垂枝'榆，具有较好的观赏效果；'金叶'榆对改善城市绿化景观效应起到不俗的作用。

10. 桑(图1-3-10)

【科属】桑科桑属

【学名】*Morus alba* L.

【别名】家桑、白桑、桑树

【主要识别要点】落叶乔木。树皮浅灰色，不规则浅纵裂。叶卵形或广卵形，基部圆形至浅心形，边缘锯齿粗钝，有部分的叶为羽状深裂，表面鲜绿色，无毛，背面沿脉有疏毛。雄花序柔软下垂，长2～3.5cm，雌花序较短。聚花果卵状椭圆形，长1～2.5cm，成熟时红色、暗紫色或白色。花期4～5月，果期5～8月，熟时果实(桑椹)多汁味甜。冬芽红褐色，卵形，芽鳞覆瓦状排列，灰褐色，有细毛；小枝浅黄色，有黄褐色皮孔。

图1-3-10　桑

【分布及生态特性】原产中国，分布于全国各地。主产于安徽、河南、浙江、江苏、湖南等地。喜光树种，适应性强，抗污染，抗风，耐盐碱。

【园林用途】树冠丰满，枝叶茂密，秋叶金黄，颇为美观，适生性强，管理容易，且能抗烟尘及有毒气体，适于城市、工矿区绿化。其栽培品种'龙桑'，枝干苍劲、扭曲似游龙，极具观赏性，适宜作园景树。另外，桑的果实能吸引鸟类，可构成鸟语花香的自然景观。

11. 梓树(图 1-3-11)

【科属】紫葳科梓树属

【学名】*Catalpa ovata* G. Don.

【别名】梓、楸、花楸、水桐、河楸、臭梧桐、黄花楸、水桐楸、木角豆

【主要识别要点】落叶乔木。一般高 6m,最高可达 15m;树冠伞形,主干通直平滑,呈暗灰色或灰褐色,嫩枝具稀疏柔毛。叶对生或轮生;叶阔卵形,长宽相近,顶端渐尖,基部心形,全缘或浅波状,常 3 浅裂,微被柔毛。圆锥花序顶生,花冠钟状,浅黄色,二唇形,花筒内部有 2 条黄色纵带及暗紫色斑点。蒴果形似豇豆下垂,熟时深褐色,冬季不落;种子长椭圆形,两端密生长柔毛。花期 6~7 月,果期 8~10 月。

【分布及生态特性】分布于中国长江流域、东北南部、华北、西北、华中、西南地区以及日本。适应性较强,喜温暖,也能耐寒。土壤以深厚、湿润、肥沃的夹沙土较好。不耐干旱瘠薄。抗污染能力强,生长较快。

【园林用途】树体端正,冠幅开展,叶大荫浓,春夏之际浅黄花朵盛开满树,虽不妖艳,但也诱人,秋冬细长的荚果悬挂于枝端,随风摇曳,是很有观赏价值的树种。为速生树种,可作行道树、庭荫树以及工厂绿化树种。

图 1-3-11　梓树

知识链接

一、庭荫树

1. 庭荫树的功能

主要有防晒降温、提供优质游乐环境、创造美丽景观等功能。

2. 庭荫树的选择

北方地区以选用落叶树为主。庭荫树选择要求主要有:生长健壮,树冠高

大；枝叶茂密，冠幅大；无不良气味，无毒；生长快，少病虫害；根部耐践踏、适应性强，管理简易，寿命较长；树形或花果有较高的观赏价值等。凡适合当地应用的行道树，一般也都宜用作庭荫树。

二、园林树木应用中的常见概念

1. 速生树种

速生树种指生长速度很快的树种。适应性强、生长快、速生丰产性能好、产量高。如泡桐、毛白杨和速生楸树等。

2. 乡土树种

乡土树种是指本地区原有天然分布的树种。乡土树种具有较强的抗逆性，能形成地方特色景观，资源丰富，利用成本低。北京地区的乡土树种有侧柏、槐树、栾树，不同区域的乡土树种是不同的，主要受气候环境条件制约。

3. 秋色叶树种

秋色叶树种是指进入秋季，叶色由绿色转成其他颜色，并能使整个树冠显得鲜艳而优美的观赏树种，如元宝枫、银杏、黄栌、火炬树等。

4. 彩叶树种

是指其叶片、茎杆等常年呈现出异色(非绿色)的植物，如紫叶李、紫叶矮樱、金叶女贞、'红枫'、金叶国槐、紫叶红栌、'金叶榆'等。这些常年拥有红色、黄色、紫叶或花叶等非绿色的树种，称为彩叶树。

二、11种庭荫树基本信息汇总表(表1-3-1)

表1-3-1　11种庭荫树基本信息汇总表

序号	中文名	别　名	学　名	科　属	观赏点	观赏期
1	梧桐	青桐、桐麻	*Firmiana simplex* (L.) W. F. Wight	梧桐科梧桐属	树皮、果	5~10月
2	悬铃木	法国梧桐、法桐	*Platanus orientalis* L.	悬铃木科悬铃木属	树皮	全年
3	元宝枫	平基槭、色树、元宝树	*Acer truncatum* Bunge.	槭树科槭树属	花、叶	3~10月
4	毛泡桐	紫花泡桐、绒毛泡桐	*Paulownia tomentosa* (Thunb.) Steud.	玄参科泡桐属	花	4~5月
5	刺槐	洋槐	*Robinia pseudoacacia* L.	蝶形花科刺槐属	花	5月

（续）

序号	中文名	别　名	学　名	科　属	观赏点	观赏期
6	杂种鹅掌楸	马褂木	*Liriodendron chinense* × *tulipifera*	木兰科鹅掌楸属	花、叶	5月
7	七叶树	梭椤树、梭椤子、天师栗、猴板栗	*Aesculus chinensis* Bunge.	七叶树科七叶树属	花、叶	4~5月
8	水杉	梳子杉	*Metasequoia glyptostroboides* Hu et Ching.	杉科水杉属	树形、秋叶	10月
9	榆树	家榆、榆钱、春榆、白榆	*Ulums pumila* L.	榆科榆属	果实	4月
10	桑	家桑、白桑、桑树	*Morus alba* L.	桑科桑属	果实	6月
11	梓树	梓、楸、花楸、水桐、河楸、臭梧桐、黄花楸、水桐楸、木角豆	*Catalpa ovata* G. Don.	紫葳科梓树属	花、果	全年

知识拓展

一、植物的光合作用

光合作用是植物体最基本的物质代谢和能量代谢的过程，植物叶片是光合作用的主要场所。

1. 光合作用的概念

绿色植物在光能作用下，将二氧化碳（CO_2）和水（H_2O）等无机物合成有机物（主要是糖类）并放出氧气（O_2）的过程，称为光合作用。

2. 光合作用的细胞器

叶绿体是进行光合作用的细胞器，叶绿体存在于细胞质中。叶绿素是光合作用的主要色素。

3. 光合作用的意义

由于光合作用能够制造有机物质，蓄积太阳能，制造氧气和净化空气中的二氧化碳，因此光合作用对自然界的生态平衡和人类生存具有重要意义。

二、植物叶的生理功能

1. 光合功能

叶片是光合作用的器官，光合作用是地球上进行的最大规模的将无机物转变成有机物、把光能转化成化学能的过程，对于整个生物界和人类的生存发展，以及维持自然界的生态平衡有着极其重要的作用。如人类不可缺少的能源——煤、石油、天然气和木材都是来自于植物光合作用固定的太阳能。此外，光合作用释放氧气、吸收二氧化碳，有效地维持大气成分的平衡，为地球生物创造了良好的生存环境。

2. 蒸腾功能

蒸腾作用是植物体内的水分以气体形式从植物体表面散失到大气中的过程。植物蒸腾对于其生命活动非常重要，是植物吸收和运输水分的主要动力，蒸腾作用引起的上升液流，有助于根吸收的矿质元素以及根中合成的有机物转运到植物体的其他部分；同时蒸腾作用还能降低叶片温度，避免气温过高而对叶片造成灼伤。植物一生所吸收的水分中，大约99%通过蒸腾作用散失到大气中，只有1%作为植物体的构成部分。

3. 贮藏功能

很多植物叶片，尤其是肥厚的叶片就像植物的仓库一样，具有蓄存水和营养的功能，如许多景天科植物的叶片；百合、郁金香等植物肥厚的鳞形叶都具有贮藏功能。

4. 繁殖功能

叶插法繁殖植物，是叶有繁殖功能的典型实例。选择适宜的叶子插入符合植物生长条件的基质中，使叶片长出不定芽和不定根形成完整的新植株。目前园林生产中普遍使用此法。落地生根就是在叶片的边缘形成不定根和不定芽，成熟后从母体叶片上自动脱离，即可形成独立的新植株。

5. 吸收功能

叶片也具有吸收功能，如根外施肥，即叶面喷洒一定浓度的肥料和叶面喷洒农药，是因为叶有吸收功能而被叶表面所吸收。

除了上述普遍存在的功能外，个别植物的叶形成了特殊的形态，表现出特殊的功能，如猪笼草的叶形成囊状，可以捕食昆虫；有些植物变成卷须起到攀缘作用；刺槐的托叶、小檗的叶变态形成刺，起保护作用等。

三、“中国——园林之母”的缘由

100年前，一个年轻的英国园艺学者威尔逊(E. H. Wilson)踏上了中国的土地，开始了他为西方收集、引种花卉植物的长期而影响深远的工作。置身于“花的王国”中，他被深深地感动和陶醉。以后随着对中国花卉了解的增多，他认识到中国花卉对世界各国的园林产生了举足轻重的影响。1913年他写下了《一个博物学家在华西》这一有影响的著作。此书在 1929 年重版时易名为《中国——园林之母》(*China Mother of Gardens*)。半个多世纪以来“中国——园林之母”这个提法已为众多的植物学者和园艺学家所接受。

1. 中国东部植物资源对西方园林的贡献

中华民族自古爱花，在2500 多年前花就在我国人民美化生活、表达情感方面起着非常重要的作用。《诗经》中有关桃花、芍药和萱草的诗歌记载，就很好地表明了漫长的历史进程中我们的祖先培育了许多举世闻名的绚丽花卉。不仅如此，中国的花卉很早就曾通过丝绸之路传入西方，如原产我国的桃花以及萱草约在2000 年前就传入欧洲。

鸦片战争前的广州，是西方与我国进行贸易的主要地点，是一个花卉园艺非常发达的城市。这里气候温暖湿润，花木种类繁多，素有“花城”之誉。当时广州东南郊有一大型园林区——花埭(或称花地)，是一处非常著名的花卉种苗和盆景交易的中心，它是早期西方商船主购置我国花卉的重要场所。

另外，在北京活动的西方传教士，特别是有一定植物学基础、并在中国清朝乾隆皇帝的御花园效力的法国人汤执中(Father D'Incarville)等人，也积极通过内陆商路向欧洲的彼得堡、巴黎和伦敦的植物园传送一些见于北京园林的花木种苗。其中，汤执中送出的植物有荷包牡丹、苏铁、角蒿、翠菊和白菜以及紫堇属的一些植物。此外还有北京很常见的绿化树种侧柏、槐树、臭椿、栾树、皂荚，以及大枣、枸杞和染料植物蓼蓝等。有关记载表明，18 世纪下半叶，西方通过各种途径从我国输入的花卉和观赏树木就有包括石竹、蔷薇、月季、茶花、菊花、牡丹、芍药、迎春、苏铁、银杏、荷包牡丹、角蒿、翠菊、侧柏、槐树、臭椿、栾树、皂荚和各种竹子在内的多种草本和木本植物。

2. 中国西部植物资源对西方园林的贡献

19 世纪下半叶，法国传教士谭微道和英国海关人员韩尔礼在我国西南四川山区和湖北宜昌附近收集园林植物，使西方人认识到湖北西部和四川东部以及西北等地高山峡谷中还蕴藏着大量奇丽的花木资源。当时，哈佛大学的植物学家沙坚德教授认为“很明显世界上没有哪个地方像中国西部那样能有那么多的适合于温带气候的城市公园和花园的新植物”。于是，1897 年他建议英国著名的维彻公司派人到这些地方收集新的植物种。1899 年英国年轻的园艺学者威尔逊由维彻花木公司派到中国。由于他在那些地区成功收集园林植物所做的贡献，因此他被称为“打开西部花园的人”。

威尔逊前两次来华都是由维彻公司雇用，时间分别是 1899—1902 年和

1903—1905 年，分别肩负有引进珙桐和绿绒蒿的明确使命。

对我国众多的观赏植物而言，珙桐颇有点“养在深闺人未识”的意味。这种花苞片成对着生，就像鸽子展翅高飞的奇特观赏树木标本，首先由法国传教士谭微道在我国的川西宝兴采得，它不但有很高的观赏价值，而且还是我国特有的古老树种。法国植物学家还特地在其编写的有关这种植物的著作中配上了一幅漂亮的彩图。因为花苞片的形状像鸽子，因此珙桐被美称为“鸽子树”或“手帕树”。

1899 年，威尔逊来华收集珙桐的树苗，成功地引到英国和其他西方国家栽培。现在不少珙桐已长成高达五六丈(1 丈 =3.33m)甚至更高的参天大树。这种漂亮的鸽子树现在不但为欧美普遍栽培，而且成为世界著名的观赏树木。威尔逊第一次来华除了成功地引走珙桐外，还引去了大量的其他观赏植物。他当时去的鄂北和川东等地是我国的槭树属等木本植物的分布中心，所以他引种了不少包括槭树科在内的很有观赏价值的木本植物，如娇艳动人的山玉兰，既有花叶可观又有美果可餐的猕猴桃，还有红果树、血皮槭、青榨槭、枇杷、荚蒾、巴山冷杉、绣球、唐松草，也有极具观赏价值的花大淡红且芬芳宜人的喇叭杜鹃和粉红杜鹃等。

单元小结

本单元共完成了 11 种行道树、20 种园景树、11 种庭荫树认知。除掌握每种树木形态特征外，还要了解树木的生物学特性、树种分布及园林用途；掌握乔木、常绿树、落叶树、行道树、园景树、庭荫树、彩叶树种、秋色叶树种、乡土树种等基本概念；掌握对树木枝条、叶等器官特征描述的专业术语。了解植物叶子组成和结构、叶的功能、茎的分枝类型等基础知识。

在学习园林乔木的认知过程中应通过观察、对比、记忆等方法最终达到熟练识别。了解不同树种的主要观赏部位、观赏期以及生物学特性等，是为今后科学应用园林树木、栽培养护园林树木打下良好基础。

动脑动手

1. 调查并写出你所居住的小区或街道有哪些行道树，并附照片。精选典型图片分组制作一套有关行道树的 PPT 演示文稿。

2. 调查并写出你所居住附近的公园有哪些园景树或庭荫树，并附照片。精选典型图片分组制作一套有关园景树、庭荫树的 PPT 演示文稿。

3. 记录你所居住的小区或街道不同观花树种的始花期及花色，并附照片。

精选典型图片分组制作一套有关行道树的 PPT 演示文稿。

4. 记录早春发芽、开花最早和秋季落叶最晚的树种。

5. 调查记录秋季叶色变红和变黄的树种。

练习与思考

一、写出以下名词含义，至少列举 3 个实例。（提示：在以下答案中树种不能重复）

1. 乔木
2. 行道树
3. 庭荫树
4. 园景树

二、回答下列问题

1. 乔木树冠的大小与植物茎的哪些生长习性有关？为什么？
2. 常见的观叶树种有哪些？叶形如何？
3. 春季、夏秋季观花的乔木树种有哪些？主要观赏特征是什么？
4. 秋、冬季观果的乔木树种有哪些？果实颜色、大小、景观效应如何？
5. 园林树木的冬态识别要点有哪些？举例说明。
6. 园林树木的夏态识别要点有哪些？举例说明。
7. 植物能长高长大的生理作用是什么？

单元二
认知灌木与藤木

单元介绍

通过本单元的学习，认知常见园林灌木30种、藤木6种。在形态识别学习过程中，学习园林植物茎、花、果的形态结构及分类。掌握常见灌木、藤木的识别方法，了解其主要园林用途。

园林灌木是指树体矮小(5m以下)，无明显主干或主干甚矮，茎干自地面生出多数的树木。本类树木在园林绿化中用途广泛，可独立成景，或与各种地形及设施物相配作基础种植，或围合空间、美化防护之用。

园林藤木是指茎干不能直立生长，常攀附他物，具有细长茎蔓的木质藤本植物。本类树木在园林中可用于棚架、装饰、垂直绿化等。

根据灌木、藤木在园林绿化中的用途，将其分为绿篱类、垂直绿化类和花木类。

本单元分为2个任务。任务一　认知绿篱和垂直绿化树木；任务二　认知花灌木。

单元目标

1. 掌握灌木、藤木的概念。
2. 掌握绿篱树木、垂直绿化树木及花灌木的概念和作用。
3. 识别4种绿篱树木、6种垂直绿化树木、26种花灌木。
4. 掌握植物茎的分类、花的组成及花序类型、果实类型。

任务一　认知绿篱和垂直绿化树木

绿篱树木是指适于栽作篱墙的树种。主要有以下类型：按高矮可分为高篱、中篱、低篱；按特色可分为花篱、果篱、彩篱、刺篱等；按形状有整形式和自然式。此类植物一般都应有较强的萌芽更新能力，多分枝、耐修剪，具有一定的耐阴力，以生长缓慢、叶片较小的树种为宜。在园林绿化中主要起分隔空间、限定范围、遮蔽视线、衬托景物以及防护等作用。

任务说明

任务内容：北京市紧紧围绕“践行生态文明、建设美丽北京”的目标，全力推进城乡绿化美化建设，全面提升城市景观水平，让人们在身边见到更多绿色。请同学们为本市某一住宅小区的空间围合以及垂直绿化方面选取适宜的、丰富的植物材料，以达到小区绿化美化的效果。并将植物选取方案以 PPT 形式汇报展示。

学习内容：通过学习绿篱、垂直绿化常用的 10 种树种，掌握树种的识别特征、植物茎的分类以及叶、茎变态、植物组织等相关知识。

一、认知绿篱树木

1. 大叶黄杨（图 2-1-1）

【科属】卫矛科卫矛属

【学 名】*Euonymus japonicus* Thunb.

【别名】冬青卫矛、正木

图 2-1-1　大叶黄杨

【主要识别要点】小枝四季常绿，近四棱形。叶片革质，交互对生，表面有光泽，倒卵形或狭椭圆形，边缘有细锯齿。花瓣小，白绿色，排列成密集的聚伞花序，腋生。蒴果近球形，成熟时四裂，露出橘红色假种皮。花期 6 ~ 7 月，果期 9 ~ 10 月。常见的栽培品种有：‘金心’大叶黄杨、‘银边’大叶黄杨、‘金边’大叶黄杨等。

【分布及生态习性】喜温暖湿润气候，耐阴，但耐寒性较差，迎风处栽植枝叶易受冻干枯。主要分布于我国中部及北部各地。

【园林用途】枝叶茂密，叶色亮绿。园林中常用作绿篱及背景种植材料，亦可丛植草地边缘或列植于园路两旁。

2. 锦熟黄杨(图 2-1-2)

【科属】黄杨科黄杨属

【学名】*Buxus sempervirens* L.

【别名】小叶黄杨

【主要识别要点】枝条密生，四棱形，具柔毛。叶对生，革质，全缘，椭圆或长卵形，长 1～3cm，先端圆或微凹，表面暗绿色，背面黄绿色，有短柔毛。花黄绿色簇生叶腋或枝端，4 月开放，9～10 月成熟。蒴果三角鼎状。

图 2-1-2 锦熟黄杨

【分布及生态习性】北京、山东、河南等地均有栽植。喜光，亦耐阴、耐寒，属浅根性树种，生长慢，寿命长。

【园林用途】锦熟黄杨枝叶细密，叶色亮绿。园林中常用作绿篱及背景种植材料，适宜在公园绿地、庭前入口两侧群植、列植，或作为花境之背景，或与山石搭配，尤适修剪造型。

图 2-1-3 金叶女贞

3. 金叶女贞(图 2-1-3)

【科属】木犀科女贞属

【学名】*Ligustrum × vicaryi* Hort

【别名】蜡树

【主要识别要点】单叶对生，卵状椭圆形，叶端微尖，全缘。总状花序，顶生，小花白色，漏斗形。核果近球形，初为绿色，熟时紫黑色。花期 6 月，果期 9～10 月。冬季小枝具短柔毛，留有干叶及宿存的黑色果实。

【分布及生态习性】喜光，稍耐阴，耐寒能力较强。我国北京、大连、上海、广州等地均引种栽植。

【园林用途】叶色金黄，尤其在春秋两季色泽更加璀璨亮丽。在园林绿化中，主要用来组成图案和建造绿篱。

4. 紫叶小檗(图 2-1-4)

【科属】小檗科小檗属

【学名】*Berberis thunbergii* var. *atropurpurea* Rehd.

【别名】红叶小檗

【主要识别要点】老枝灰褐色或紫褐色；幼枝紫红色，有槽，具叶刺。叶深紫色或红色，单叶互生或簇生，全缘，菱形或倒卵形。花单生或 2 ~ 5 朵成总状花序，黄色，下垂，花瓣边缘有红色纹晕。浆果亮红色，宿存。花期 4 月。冬季小枝灰色干枯，叶刺明显，位于冬芽下部，木质部呈鲜黄色。

图 2-1-4　紫叶小檗

【分布及生态习性】喜光，喜温暖气候，较耐风寒，耐半阴，但在光线稍差或密度过大时部分叶片会返绿。适应性强，萌蘖性强，耐修剪。我国分布广泛。

【园林用途】叶色独特，常与常绿树木配置，适宜作色带、花篱、刺篱等，绿化效果好，是园林绿化中色块组合的重要树种。

知识链接

基本概念

1. 聚伞花序

花序中最顶点或最中心的花先开，渐及下边或周围的花，花轴不能继续向上产生新的花芽。如冬青卫矛、南蛇藤等。

2. 总状花序

花互生于不分枝的花轴上，各花花柄近等长。如紫藤、刺槐等。

3. 蒴果

由复雌蕊发育而成的果实，成熟时有各种裂开的方式。如紫薇、丁香等。

4. 核果

由一至数心皮组成的雌蕊发育而来，外果皮薄，中果皮肉质，内果皮坚硬。如桃、李、枣和核桃等。

5. 叶刺

叶的全部或部分变成刺状称叶刺。叶刺均着生于叶的位置上。如仙人掌类植物肉质茎上的叶变为刺状，以减少水分的散失，适应干旱环境中生活；小檗、刺槐的托叶变成坚硬的刺，起着保护作用。

6. 假种皮

某些种子外覆盖的一层特殊结构。常由珠柄、珠托或胎座发育而成，多为肉质，色彩鲜艳，能吸引动物取食，有利于传播。如卫矛、丝棉木等。

二、认知垂直绿化树木

垂直绿化树木是指具有攀缘、缠绕、吸附功能，可绿化墙面、栏杆、枯树、山石、棚架等处的园林植物。

此类树木多为藤木类，园林用途广泛，可用于建筑及设施的垂直绿化，用于各种形式的棚架供休息或装饰，可攀附灯杆、廊柱、高大枯树、山石之上形成独特景观，又可悬垂于屋顶、阳台或覆盖地面作地被植物用。在具体应用时应根据绿化要求及植物习性、种类来进行选择。栽培养护方面注意水肥管理，同时根据绿化的要求，调整好枝条的分布、生长势，以及外力作用后的整理工作。

5. 中国地锦(图 2-1-5)

【科属】葡萄科爬山虎属

【学名】*Parthenocissus tricuspidata* Planch.

【别名】爬山虎

【主要识别要点】分枝多，卷须短，顶端有圆形吸盘，冬季吸盘棕黑色，干枯，具极强的吸附能力。叶互生，广卵形，常 3 裂，基部心形，叶缘有粗锯齿。花小，黄绿色，聚伞花序。浆果球形，成熟后蓝黑色，被白粉。花期 6 月，果期 9 月。

图 2-1-5　中国地锦

【分布及生态习性】喜阴湿环境，不耐干热，耐寒，抗风。其吸盘附着力强，绿化覆盖均匀。主要分布于我国华东、华北地区。

【园林用途】叶色秋天变为红色或橙色，颇为美观，是垂直绿化的良好材料。常植于住宅、办公楼、宿舍的墙壁，围墙以及园林中建筑物附近均宜。

6. 美国地锦（图 2-1-6）

【科属】葡萄科爬山虎属

【学名】*Parthenocissus quinquefolia* Planch.

【别名】五叶地锦

【主要识别要点】老枝灰褐色，幼枝带紫红色。卷须与叶对生，顶端吸盘，呈肾形。与中国地锦相比，吸盘大、稍稀疏，卷须稍粗。掌状复叶，具 5 小叶，小叶长椭圆形至倒长卵形，先端尖，基部楔形，缘具大齿牙。浆果绿色，成熟后蓝黑色，微有白粉。花期 6 ~ 7 月，果期 9 ~ 10 月。

【分布及生态习性】喜光、耐热且耐寒，较中国地锦更耐寒。原产美国，北京有引种。

【园林用途】五叶地锦生长健壮、迅速，适应性强，春夏碧绿可人，入秋后红叶色彩可观，是庭园垂直绿化和地面覆盖的主要材料。

图 2-1-6 美国地锦

7. 紫藤（图 2-1-7）

【科属】蝶形花科紫藤属

【学名】*Wisteria sinensis* Sweet.

【别名】朱藤

【主要识别要点】枝灰褐色，无毛。奇数羽状复叶，互生，小叶 7 ~ 13 枚，上部小叶较大，基部 1 对最小，密被柔毛。花蝶形，淡紫色，总状花序下垂，芳香。荚果扁平，长条形，密生黄色绒毛，悬垂枝间。花期 4 ~ 5 月，果期 9 ~ 10 月。冬芽黄褐色，随枝型弯曲方向而贴生。

【分布及生态习性】喜光，亦较耐阴，具有一定抗寒性，根蘖能力强，耐修剪，耐干旱不耐水湿。我国华中、中南、西南地区均有栽植。紫藤

图 2-1-7 紫藤

有白色变种，花白色，其耐寒性较差，越冬其地上部分易灼条。

【园林用途】 株形刚劲古朴，花繁叶茂，淡雅如蝶，特别是花序盛开时营造出紫色浪漫的氛围，极为美观，是优良的棚架、门廊、枯树、山石等绿化材料。

图 2-1-8　金银花

8. 金银花（图 2-1-8）

【科属】 忍冬科忍冬属

【学名】 *Lonicera japonica* Thunb.

【别名】 忍冬

【主要识别要点】 茎细长中空，褐色，幼枝密生柔毛。叶卵形，两面具柔毛。花成对腋生，有总梗，花冠二唇形，初为白色，后渐黄色。浆果球形，熟时黑色。花期 5～7 月，果期 8～10 月。秋末叶片枯落，但叶腋间又簇生新叶，常呈紫红色，经冬不落，故名"忍冬"。常见的栽培品种有'红'金银花、'白'金银花、'金脉'金银花。

【分布及生态习性】 喜阳，耐阴，耐寒性强，也耐干旱和水湿。根系繁密，萌蘖性强。我国栽植广泛，分布各地。

【园林用途】 轻细藤木，春夏开花不绝，黄白相映，且具芳香，是良好的垂直绿化及棚架绿化材料。亦适合于在林下、林缘、建筑物北侧等处作地被栽培。

9. 南蛇藤（图 2-1-9）

【科属】 卫矛科南蛇藤属

【学名】 *Celastrus orbiculatus* Thunb.

【别名】 落霜红

【主要识别要点】 小枝光滑无毛，拱形或缠绕，灰棕色或棕褐色。单叶互生，卵圆形，缘有疏钝齿。花小，黄绿色，聚伞花序腋生，小花 1～3 朵。蒴果球形，橙黄色，熟时 3 瓣裂，具鲜红色假种皮。花期 5～6 月，果期 9～10 月。冬季叶、果均落，徒留黄色纸质外果皮缀于枝间。

【分布及生态习性】 喜阳，耐阴，抗寒耐旱，对土壤要求不严。分布广，主要分布于我国东北、华北、西北地区至长江流域。

【园林用途】 秋叶黄色或红色，蒴果鲜黄，成熟开裂露红色种子极为美观，是园林中优良的绿化以及地面覆盖材料。

图 2-1-9　南蛇藤

10. 美国凌霄（图 2-1-10）

【科属】紫葳科凌霄属

【学名】*Campsis radicans* Seen.

【别名】洋凌霄

【主要识别要点】茎节部具有气生根，借以攀缘，羽状复叶，有小叶 9 ~ 13 片。花冠红色，漏斗形，呈顶生聚伞状圆锥花序，花萼棕红色，质地厚，浅裂。蒴果似豆荚，先端尖。种子扁平，有透明的翅。花期 6 ~ 8 月，果期 11 月。冬季枝条干枯，黄褐色，叶痕对生，之间有条细线相连，气生根具较好的吸附能力。

【分布及生态习性】喜光，较耐寒，对土壤要求不严，萌蘖性强。北京、山西、山东、河南均有栽植。

【园林用途】花大而色艳，花期长，宜栽植于庭园、公园，攀缘于枯树、山石、棚架、墙垣，是优良的垂直绿化庇荫树种。

图 2-1-10　美国凌霄

知识链接

基本概念

1. 圆锥花序

无限花序的一种。主花轴分枝，每个分枝均为总状花序，故称复总状花序。又因整个花序形如圆锥，又称圆锥花序。如丁香、女贞等。

2. 蝶形花冠

由 1 枚旗瓣，2 枚翼瓣和 2 枚龙骨瓣共 5 枚花瓣组成的花冠。见于蝶形花科植物。如紫藤、紫穗槐等。

3. 唇型花冠

是合瓣花冠之一，花冠呈对称的二唇形。即上面由二裂片合生为上唇，下面三裂片多少结合构成下唇。如金银花、一串红等。

4. 茎卷须

由茎变化成为可攀缘的卷须，多见于藤本植物。如葡萄、黄瓜等。

5. 荚果

由单雌蕊发育而成，成熟时沿腹缝线与背缝线裂开，如大豆、蚕豆等。有些荚果不开裂，如皂荚、紫荆、合欢等。

6. 气生根

茎上产生，悬垂在空气中的不定根称为“气生根”。主要功能为吸收气体或支撑植物体向上生长、保持水分。如凌霄、常春藤等。

三、10种绿篱和垂直绿化树种基本信息汇总(表2-1-1)

表2-1-1 10种绿篱和垂直绿化树种基本信息汇总

序号	种名	别名	学名	科属	观赏点	观赏期
1	大叶黄杨	冬青卫矛、正木	*Euonymus japonicus* Thunb.	卫矛科 卫矛属	叶、果	花期6~7月，果期9~10月
2	锦熟黄杨	小叶黄杨	*Buxus sempervirens* L.	黄杨科 黄杨属	叶、果	花期4月，蒴果三角鼎状，9~10月成熟
3	金叶女贞	蜡树	*Ligustrum* ×*vicaryi* Hort.	木犀科 女贞属	叶	花期6月，果期9~10月
4	紫叶小檗	红叶小檗	*Berberis thunbergii* var. *atropurpurea* Rehd.	小檗科 小檗属	叶、花、果	花期4月，果期9~10月
5	中国地锦	爬山虎	*Parthenocissus tricuspidata* Planch.	葡萄科 爬山虎属	叶	6月开花，9月成熟
6	美国地锦	五叶地锦	*Parthenocissus quinquefolia* Planch.	葡萄科 爬山虎属	叶	花期6~7月，果期9~10月
7	紫藤	朱藤	*Wisteria sinensis* Sweet.	蝶形花科 紫藤属	叶、花、果	花期4~5月，果期9~10月
8	金银花	忍冬	*Lonicera japonica* Thunb.	忍冬科 忍冬属	花、果	花期5~7月，果期8~10月
9	南蛇藤	落霜红	*Celastrus orbiculatus* Thunb.	卫矛科 南蛇藤属	花、果	花期5~6月，果期9~10月
10	美国凌霄	洋凌霄	*Campsis radicans* Seen.	紫葳科 凌霄属	花	花期6~8月，果期11月

知识拓展

一、茎的类型及功能

(一)茎的类型

不同植物的茎在适应外界环境上，有各自的生长方式，主要分为四大类型(图2-1-11)。

1. 直立茎

茎干垂直地面向上直立生长的称直立茎。多数植物的茎是直立的，适于输导

图 2-1-11　茎的类型

(a)直立茎　(b)攀缘茎　(c)缠绕茎　(d)匍匐茎

及机械支持作用。在具有直立茎的植物中，又分为草质茎和木质茎，如向日葵就是草质直立茎，而杨树则是木质直立茎。

2. 攀缘茎

茎不能直立，依靠特有的结构如卷须、吸盘等器官攀缘于其他物体之上才能生长。根据攀缘结构的不同，可分为以卷须攀缘的，如丝瓜、葡萄；以气生根攀缘的，如凌霄、常春藤；还有以吸盘攀缘的，如地锦等几种情况。

3. 缠绕茎

茎不能直立，缠绕于其他物体向上生长。此类茎不具有特殊的攀缘结构，而是以茎的本身缠绕于其他物体上。如牵牛花、金银花、紫藤、南蛇藤等。

4. 匍匐茎

茎平卧地面，蔓延生长，每个节上能生不定根，与整体分离后可生长为新的个体，这类茎称匍匐茎，如沙地柏、扶芳藤等。

(二)茎的功能

茎是植物的营养器官之一，主要功能是输导和支持作用。

1. 茎的输导作用

茎的输导作用是和它的结构紧密联系的。茎维管组织中的木质部和韧皮部就担负着输导作用。木质部把根从土壤中吸收的水分和无机盐，运送到植物体的各部分。韧皮部把叶的光合作用产物也运送到植物体的各个部分。

2. 茎的支持作用

茎的支持作用也和茎的结构有着密切关系。茎内的机械组织在植物体起着巨大的支持作用。将枝、叶、花和果实合理地安排在一定的空间里有利于光合作用、开花和传粉的进行以及果实、种子的成熟和散布。

3. 贮藏及繁殖作用

茎除了输导和支持作用外，还有贮藏和繁殖作用。在茎的薄壁组织中，贮藏有大量的营养物质。不少植物的茎可以形成不定根和不定芽。

二、果实的类型

根据果实的形态结构可分为三大类：单果、聚合果、聚花果。

(一)单果

单果是一朵花中只有一个雌蕊形成一个果实，常见的可分为肉质果和干果两类。

1. 肉质果

果实成熟后肉质多汁。依果皮的性质和来源不同，又分为下面几种(图 2-1-12)：

(a)浆果：外果皮薄，中果皮、内果皮均肉质化并充满汁液，如番茄、葡萄、金银木等。

(b)柑果：由复雌蕊形成，外果皮革质，中果皮较疏松，分布有维管束，内果皮膜质分为若干室，向内生出许多汁囊，是食用的主要部分，如柑橘、柚等。柑果为芸香科植物所特有。

(c)核果：由一至数心皮组成的雌蕊发育而来，外果皮薄，中果皮肉质，内果皮坚硬，如桃、李、枣和核桃等。

(d)梨果：由花筒与下位子房愈合发育而成的假果，花筒形成的果壁与外果皮及中果皮均肉质化，内果皮纸质或革质化，中轴胎座，如梨、苹果等。

(e)瓠果：由下位子房发育而成的假果，花托与果皮愈合，无明显的外、中、内果皮之分，果皮和胎座肉质化，如西瓜、黄瓜等。

(a)　　(b)　　(c)　　(d)　　(e)

图 2-1-12　肉质果的主要类型

(a)浆果　(b)柑果　(c)核果　(d) 梨果　(e) 瓠果

2. 干果

果实成熟后果皮干燥，根据开裂与否可分为裂果与闭果两类。

(1)裂果　果实成熟后，果皮开裂。因心皮数目及开裂方式不同，又分为下列几种(图 2-1-13)：

(a)荚果：由单雌蕊发育而成，成熟时沿腹缝线与背缝线裂开，如大豆、蚕豆等。有些荚果不开裂，如皂荚、紫荆、合欢等。

(b)蓇葖果：由单雌蕊发育而成的果实，成熟时仅沿一个缝线裂开(腹缝线或背缝线)，如梧桐、玉兰、珍珠梅等。

(c)角果：由两心皮组成，具假隔膜，成熟时从两腹缝线裂开。有长角果和短角果之分。如萝卜、油菜是长角果；荠菜、独行菜是短角果。

(d)蒴果：由复雌蕊发育而成的果实，成熟时有各种裂开的方式。如紫薇、丁香等。

(a)　　(b)　　(c)　　(d)

图 2-1-13　裂果的主要类型

(a)荚果　(b)蓇葖果　(c)角果　(d)蒴果

(2)闭果　果实成熟后，果皮不开裂，可分以下几种(图 2-1-14)：

(a)瘦果：果皮与种皮易分离，含 1 粒种子，如向日葵等。

(b)颖果：果皮与种皮合生，不易分离，含 1 粒种子，如小麦、玉米等。

(c)翅果：果皮形状如翅，如榆树、槭树。

(d)坚果：果皮坚硬，内含 1 粒种子，如板栗。

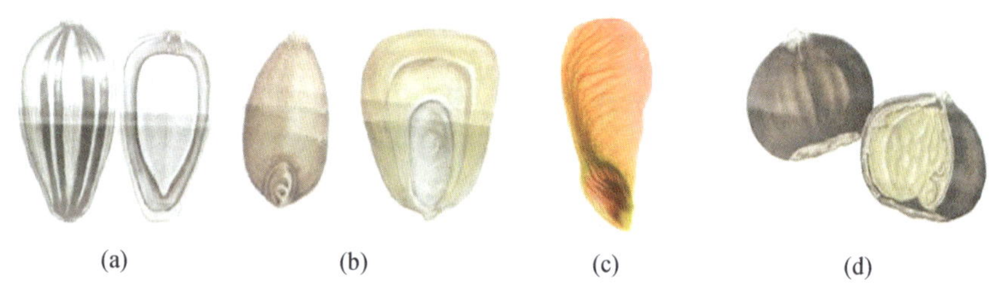

(a)　　(b)　　(c)　　(d)

图 2-1-14　闭果的主要类型

(a)瘦果　(b)颖果　(c)翅果　(d)坚果

(二)聚合果

由一花内若干离生心皮雌蕊聚生在花托上发育而成的果实，每一离生雌蕊形成一单果(小果)。许多小果聚生在花托上，称为聚合果(图 2-1-15)。例如，玉兰是聚合蓇葖果，莲是聚合坚果等。

(三)聚花果

聚花果是由整个花序形成的果实，又叫复果(图 2-1-16)。如桑、凤梨、无花果等果实。

图 2-1-15　聚合果

图 2-1-16　聚花果

任务二　认知花灌木

花灌木是指具有观花、观果、观枝等观赏价值的灌木的总称。此类植物在园林绿化中应用广泛，具多种用途。诸如可作孤赏树、行道树或作花篱、地被植物。配置应用方式多样，可孤植、对植、列植、丛植。花灌木在园林中不但能独立成景，而且可为各种地形及设施物相配合而产生烘托、对比、陪衬等作用。同时该类树木又可依其特色布置成芳香园、各色调景区或各种专类花园。

花灌木高度适中，种类繁多，色彩艳丽，观赏效果显著，备受园林设计人士的喜爱，在北京的大街小巷、公园内随处可见花灌木的身影。花灌木在创造绿色北京的过程中一直有着不可忽视的作用。

北京四季分明，有着冬季最长，夏季次之，春、秋短促的气候特点，使得植物季相变化尤为明显。特别是花灌木种类丰富、色彩斑斓，是良好的绿化、美化树种。

任务说明

任务内容：请以花灌木的最佳观赏期以及观赏部位制作“北京常见花灌木名录”，以 PPT 的形式、图文并茂地展示花灌木的特色。

学习内容：通过对 26 种花灌木的认知，掌握花的形态、花序的种类、果实类型等繁殖器官的相关知识。

一、认知常见花灌木

图 2-2-1　月季

1. 月季(图 2-2-1)

【科属】蔷薇科蔷薇属

【学名】*Rosa chinensis* Jacq.

【别名】月月红

【主要识别要点】北京市市花。小枝绿色无毛，通常具有扁平状皮刺。小叶 3 ~ 7 枚，卵状椭圆形，平滑有光泽，缘有锐锯齿。花生于茎顶，单生或簇生，有单瓣、复瓣(半重瓣)和重瓣之别，花色丰富，花形多样。果近球形，红色，直立着生。花期 4 ~ 11 月，果期 9 ~ 11 月。常见栽培品种有：'丰花'月季、'地被'月季、'大花茶香'月季、藤本月季、'壮花'月季及高接造型的树状月季等。

【分布及生态习性】适应性强，耐寒、耐旱，对土壤要求不严格，但以富含有机质、排水良好的微带酸性砂壤土最好。全国各地普遍栽植。

【园林用途】花色艳丽，花期长，色香俱佳，是美化庭园的优良花木。适宜作花坛、花境、花篱及基础种植，也可在草坪、园路转角、庭院等地配置。

知识链接

玫瑰、蔷薇与月季的区别(图 2-2-2、图 2-2-3)

玫瑰相比月季枝条粗壮，灰褐色，密布刚毛与倒钩皮刺。奇数羽状复叶，小叶 5 ~ 9 片，叶椭圆形，叶表网脉凹陷，皱而有光泽，叶背有绒毛。果实扁平球形，砖红色，弯钩状下垂。花期 5 ~ 6 月，果期 8 ~ 9 月。常见品种有：'白玫瑰'、'紫玫瑰'、'重瓣'玫瑰等。

蔷薇属于蔓延或攀缘灌木。相比月季、玫瑰枝干细长，多数被有皮刺。羽状复叶，小叶 5 ~ 7 枚，叶表光滑。花形小，单生或数朵密集成伞房花序。果直立，近球形，褐红色。花期 5 ~ 6 月，果期 10 ~ 11 月。常见品种有：'粉团'蔷薇、

图 2-2-2　玫瑰

图 2-2-3　蔷薇

‘七姐妹’、‘白玉堂’等。

2. 棣棠(图 2-2-4)

【科属】蔷薇科蔷薇属

【学名】*Kerria japonica* (L.) DC.

【别名】地棠

【主要识别要点】株高 1.5 ~ 2m，小枝四季常绿，圆柱形光滑无毛，具纵向瓦楞纹，较细长，小枝上部呈“之”字形曲折，具白色的髓。单叶互生，叶片三角状卵形，先端长渐尖，边缘有尖锐重锯齿。花金黄色，单瓣或重瓣，单生于侧枝顶端。瘦果黑色，半圆形，萼片宿存，通常很少结实。花期 4 ~ 6 月，果期 6 ~ 8 月。

【分布及生态习性】喜光，稍耐阴，畏风寒，在北京多于避风向阳地段栽植。我国分布广泛。

【园林用途】枝叶青翠、花色金

图 2-2-4　棣棠

黄，是美丽的观赏花木。宜丛植于水畔、坡边、林缘和假山旁，也可用于花丛、花境和花篱，还可栽在墙隅及管道旁，有遮蔽之效。冬季落叶后枝条碧绿，可供观赏。

图 2-2-5　黄刺玫

3. 黄刺玫（图 2-2-5）

【科属】蔷薇科蔷薇属

【学名】*Rosa xanthina* Lindl.

【别名】刺玫花

【主要识别要点】树皮深褐色，分枝细密，拱形下垂。小枝褐红色，光亮，具散生直立扁平褐红皮刺。芽单生，卵形，叶痕互生，呈三角形。奇数羽状复叶，小叶常 7～13 枚，近圆形，先端钝，边缘有锯齿。花单生，黄色，单瓣或重瓣，萼片针形。果近球形，红黄色，先端有宿存反折的萼片。花期 4～5 月，果期 7～8 月。

【分布及生态习性】喜光，稍耐阴，耐寒力强，耐干旱瘠薄，不耐水涝。对土壤要求不严，少病虫害。主要分布于我国华北、东北及西北地区。

【园林用途】花色鲜艳，果实橙红，是北方春夏的重要观赏花木之一。适宜在草坪、路边、林缘丛植，亦可作花篱及基础种植。

图 2-2-6　榆叶梅

4. 榆叶梅（图 2-2-6）

【科属】蔷薇科李属

【学名】*Prunus triloba* Lindl.

【别名】小桃红

【主要识别要点】枝条紫褐色，具黄色横生皮孔，表皮崩裂反卷，新生小枝细，暗紫红色，光滑，髓心圆形。芽常多数簇生。叶椭圆形，单叶互生，端部三浅裂，边缘有粗锯齿。花粉红色，近无梗，先叶开放。核果近球形，熟时红色，密被柔毛。花期 4 月，果期 7 月。常见品种有：‘鸾枝’榆叶梅、‘重瓣’榆叶梅等。

【**分布及生态习性**】喜光、耐寒。耐旱，不耐水涝，对土壤要求不严。我国东北、华北等地普遍栽植。

【**园林用途**】花色繁密艳丽，为北方早春重要观花树种。在园林或庭院中宜以苍松翠柏作背景丛植，或与连翘等黄色系植物配植，最能反映春光明媚、花团锦簇、欣欣向荣的景象。

5. 水栒子（图 2-2-7）

【**科属**】蔷薇科栒子属

【**学名**】*Cotoneaster multiflora* Bunge.

【**别名**】多花栒子

【**主要识别要点**】小枝细长，幼时有毛，后变光滑，紫红色，枝叶近平面状生长。叶卵形，先端圆钝。花小，白色，花瓣开展，近圆形，数朵花呈聚伞花序。果近球形，红色。花期 5 月，果期 9 月。

图 2-2-7　水栒子

【**分布及生态习性**】性强健，耐寒，喜光，耐修剪，对土壤要求不严，极耐干旱和瘠薄，不耐水湿。主要分布于我国东北、华北、西北、西南地区。

【**园林用途**】夏季白花满枝，秋季红果累累，是优良的观花、观果树种。宜于草坪中孤植欣赏，也可于草坪边缘或园林转角，或与其他树种搭配混植构造小景观。

6. 珍珠梅（图 2-2-8）

【**科属**】蔷薇科珍珠梅属

【**学名**】*Sorbaria sorbifolia*（L.）A. Br.

【**别名**】吉氏珍珠梅

【**主要识别要点**】枝条开展，小枝圆柱形，稍屈曲，髓心褐色。奇数羽状复叶。卵状披针形，缘具尖锐重锯齿。顶生大型圆锥花序，花小而白色，花蕾似珍珠。冬芽粉红色，饱满又具光泽，与枝呈 45°夹角。果为聚合蓇葖果，锈褐色。花期 6 ~ 8 月，果期 9 月。

【**分布及生态习性**】喜光，耐寒，耐阴，萌蘖性强，耐修剪。我国北部多地有分布。

图 2-2-8　珍珠梅　　　　图 2-2-9　金银木

【园林用途】生长茂盛，花序大而直立，是良好的夏季观白花植物。宜栽植于草地边缘、林缘、路旁或水边，可作自然式绿篱。

7. 金银木(图 2-2-9)

【科属】忍冬科忍冬属

【学名】*Lonicera maackii*（Rupr.）Maxim.

【别名】金银忍冬

【主要识别要点】树皮灰褐色，纵裂。小枝细，髓心黑褐色，后变中空。单叶对生，叶卵状椭圆形，先端渐尖，叶两面疏生柔毛。花成对腋生，二唇形花冠，初为白色，后变为黄色，故得名“金银木”。浆果球形，亮红色，宿存。花期 5～6 月，果期 9～10 月。

【分布及生态习性】性强健，喜光，耐半阴，耐旱，耐寒，喜湿润肥沃及深厚之土壤。我国东北、华北、西北、西南、中南地区均有栽植。

【园林用途】树势旺盛，花果俱美，为北京优良的观赏灌木。适宜在树丛间植、林缘丛植或分散孤植均相宜。

8. 天目琼花(图 2-2-10)

【科属】忍冬科荚蒾属

【学名】*Viburnum sargentii* Koehne

【别名】鸡树条荚蒾

【主要识别要点】树皮灰褐色，新枝绿色六菱形，光滑，顶芽常 3 个并生，芽鳞 1 枚帽状。叶圆状卵形，常掌状 3 裂，三出脉，叶柄顶端有 2～4 腺点。复伞形花序，花冠乳白色，边缘有大型不孕花，中间为两性花，辐射状。浆果近球形，鲜红色。冬季果实萎蔫，宿存。小枝褐色，无毛，具明显条棱和皮孔。

【分布及生态习性】耐阴、耐寒，多生于夏凉湿润多雾的灌木丛中。我国东北、内蒙古、华北至长江流域均有分布。

【园林用途】叶形美丽，花开似雪，果赤如丹，是美丽的观花赏果灌木。宜在建筑物四周、草坪边缘配置，也可在道路边、假山旁孤植、丛植或片植。

图 2-2-10　天目琼花　　**图 2-2-11　锦带花**

9. 锦带花(图 2-2-11)

【科属】忍冬科锦带花属

【学名】*Weigela florida* (Bunge) A. DC.

【别名】五色海棠

【主要识别要点】幼枝细弱有短柔毛。枝条开展，节间具纵向棱线。单叶对生，具短柄，叶片椭圆形先端渐尖，基部圆形，边缘有锯齿；叶面深绿色，背面青白色，脉上具柔毛。聚伞花序生于短枝叶腋及顶端，花冠漏斗状，玫红色，萼筒绿色披针形，裂至中部。蒴果柱状，种子细小。花期 4～5 月，果期 10～11 月。冬季小枝棕黄色，枝侧具 2 列柔毛，柱状蒴果宿存。常见栽培品种有：'花叶'锦带、'红王子'锦带、'金亮'锦带、'粉公主'锦带等。

【分布及生态习性】 喜光，耐寒，对土壤要求不严，能耐瘠薄土壤，怕水涝。萌芽力强，生长迅速。主要分布于东北、华北地区和江苏北部。

【园林用途】 枝叶繁茂，花色艳丽，花期长达两个多月，是北方园林重要的观花灌木。适于庭园角隅、湖畔群植，也可在树丛、林缘作花篱、花丛配植，亦适宜点缀假山、景石。

10. 猬实（图 2-2-12）

【科属】 忍冬科猬实属

【学　名】 *Kolkwitzia amabilis* Graebn.

【别名】 美人木

【主要识别要点】 干皮薄片状裂皮。老枝浅褐色，小枝幼时疏生柔毛。叶卵形至椭圆形，端渐尖，基部圆形，交互对生。聚伞花序，花冠钟状，粉红至紫红色，喉部黄色斑纹，形似皇冠。果实褐色卵形，密被毛刺，形如刺猬。花期 5～6 月，果期 8～9 月。冬季有宿存的具刺毛的瘦果。

【分布及生态习性】 耐寒、喜光，有一定耐干旱、耐瘠薄能力，北京可露地栽培安全越冬。主要分布于山西、河南、陕西、湖北、四川、甘肃、安徽。

【园林用途】 花繁密而美丽，果形奇特，是优良的观花观果树种。宜丛植于草坪、角隅、山石旁、亭廊附近等。

图 2-2-12　猬实

11. 连翘(图 2-2-13)

【**科属**】木犀科连翘属

【**学名**】*Forsythia suspensa* (Thunb.) Vahl

【**别名**】黄绶带

【**主要识别要点**】小枝土黄色，呈拱形下垂，髓心中空，皮孔多而显著。芽通常 2～3 枚并生，芽鳞黄褐色。单叶对生，有时为三出复叶。花冠黄色，钟形，具 4 裂，单生或数朵生于叶腋，先叶开放。蒴果宿存，卵圆形，先端有短喙，皮孔明显。种子棕色，具膜质翅。花期 3～4 月，果期 7～8 月。常见栽培品种有：'网叶'连翘、'密叶'连翘、'金叶'连翘、'矮生'连翘等。

【**分布及生态习性**】喜光，有一定程度的耐阴性，耐寒、耐干旱瘠薄，怕涝，不择土壤，抗病虫害能力强。我国北部、中部地区均有栽植。

【**园林用途**】花色金黄，早春先叶开放，艳丽可爱，是优良的早春观花灌木。适宜丛植于宅旁、墙隅、篱下、假山岩石下、路边等作基础种植。因根系发达，可作花篱或护堤树栽植。

图 2-2-13　连翘

12. 紫丁香(图 2-2-14)

【**科属**】木犀科丁香属

【学名】*Syringa oblata* Lindl.

【别名】丁香

【主要识别要点】树皮灰褐色或灰色。小枝较粗，灰白色，疏生皮孔，假二叉分枝。常具双顶芽，芽紫红色。单叶对生，全缘，革质，叶片心形，宽常大于长，先端渐尖。圆锥花序直立，花淡紫色。蒴果，椭圆形稍扁，棕褐色，较光滑。花期4～5月，果期8～9月。冬季蒴果皮开裂，宿存，似鸟喙。叶痕新月形、对生。常见栽培品种有：'白丁香'、'紫萼'丁香、'佛手'丁香等。

图 2-2-14　紫丁香

【分布及生态习性】喜光，耐半阴，较耐寒，耐干旱瘠薄土壤，萌蘖性强，怕水涝。主要分布于我国华北、东北南部及西北、西南地区。

【园林用途】枝叶繁茂，花美而香，为华北庭院中应用最普遍的花木之一。适宜作花篱列植、丛植于庭院、林缘、路旁、草坪边缘、建筑物周围。亦与其他种类丁香配植成专类园，形成清雅、芳香，花开不绝的景区。

13. 迎春（图 2-2-15）

【科属】木犀科茉莉属

【学名】*Jasminum nudiflorum* Lindl.

【别名】金腰带

【主要识别要点】枝条细长，拱形下垂，绿色四棱形，节部膨大。三出复叶对生，卵状椭圆形，表面光滑，全缘。花单生于叶腋间，花冠高脚杯状，鲜黄色，常6裂。花期3～4月。

【分布及生态习性】喜光，稍耐阴，耐寒、耐旱、耐碱，不耐涝，对土壤要求不严。主要分布于我国北部、中部地区。

【园林用途】早春盛开，朵朵金花缀满碧枝，悦目宜人，为北方著名早春观花灌木。宜植于坡地、岸边、墙隅或草坪、林缘等地，也可栽植于岩石园或作花篱。

图 2-2-15　迎春

14. 紫荆(图 2-2-16)

【科属】苏木科紫荆属

【学名】*Cercis chinensis* Bunge

【别名】满条红

【主要识别要点】枝条直立，小枝灰色无毛，有皮孔，"之"字形曲折。叶互生，心形叶全缘。花先叶开放，玫瑰红色，4～10 朵簇生于老枝上。花期 4～5 月，果期 8～9 月。冬芽斜向叠生，芽鳞黑紫色，常有簇生宿存荚果悬于老枝。

【分布及生态习性】喜光，有一定耐寒性，不耐水涝。萌蘖性强，耐修剪。主要分布于我国华中、中南、西南、华北南部、华东及西北东南部地区。

【园林用途】早春繁花簇生枝间，满树紫红，鲜艳夺目，为良好的园林观花树种。

图 2-2-16　紫荆

常丛植于草坪边缘或建筑物近旁，亦可列植作花境。

15. 木槿(图 2-2-17)

【科属】锦葵科木槿属

【学名】*Hibiscus syriacus* Linn.

【别名】篱障花

【主要识别要点】树形紧凑，树皮灰褐色，皮孔明显。分枝多，土灰色，呈抱握状生长。叶菱状卵形，三出脉明显，叶缘有不规则粗大锯齿或缺短。花单生叶腋，有白、淡紫、淡红、紫红等色，单瓣或重瓣，花朝开幕谢；花具副萼，窄条形，8数。蒴果矩圆形。花期 6～9 月，果期 9～10 月。冬季蒴果开裂，宿存枝端。

图 2-2-17　木槿

【分布及生态习性】喜光，耐半阴，喜温暖、湿润气候，耐干旱贫瘠土壤，忌积水，抗寒性较弱。萌蘖性强，耐修剪。全国广泛栽植。

【园林用途】夏秋开花，花形大、花期长、花色多，是良好的观花灌木。常作绿篱或基础种植，也宜丛植于草坪或林缘。

图 2-2-18　紫薇

16. 紫薇(图 2-2-18)

【科属】千屈菜科紫薇属

【学名】*Lagerstroemia indica* L.

【别名】百日红

【主要识别要点】枝干多扭曲，老皮薄片剥落后特别光滑，淡褐色。嫩枝四棱形，通常有狭翅。单叶对生，椭圆形至矩圆形。圆锥花序顶生，花鲜红或粉红色，花瓣基部具长爪，圆形，皱纹状。蒴果，椭圆形。花期 6～9 月，果期 10～11 月。常见栽培品种有：'蓝薇'、'银薇'、'粉薇'等。

【分布及生态习性】喜光，对土壤要求不严，怕涝，有一定的耐旱能力，耐寒性差，在北京冬季需要防寒。主要分布于华南及西南地区。

【园林用途】树姿优美，花色丰富，花期较长，是优良的夏秋观花灌木。适宜栽植于庭院及建筑物前，也宜栽于池畔、路边及草坪等处，构成一片夏秋佳景。

图 2-2-19　红瑞木

17. 红瑞木(图 2-2-19)

【科属】山茱萸科梾木属

【学名】*Cornus alba* L.

【别名】凉子木

【主要识别要点】枝条血红色，光滑无毛，具灰白色圆形或近菱形皮孔，髓白而大。单叶对生，卵形或椭圆形。花小，黄白色，聚伞花序。核果白色。花期 5 ~ 6 月，果期 8 ~ 10 月。常见栽培品种有：'金边'红瑞木、'银边'红瑞木、'花叶'红瑞木等。

【分布及生态习性】喜光，稍耐阴，较耐寒、耐湿，病虫害少。主要分布于东北、华北、西北地区。

图 2-2-20　太平花

【园林用途】花果乳白，枝干、秋叶红色，色彩明丽，颇为美观。宜栽植于庭园草坪、林缘、建筑物前或常绿树间，也可作自然式绿篱，观其红茎白果。根系发达，萌蘖性强，宜植于河边、湖畔、堤岸，达护岸固土之效。

18. 太平花(图 2-2-20)

【科属】八仙花科山梅花属

【学名】*Philadelphus pekinensis* Rupr.

【别名】京山梅花

【主要识别要点】树皮栗褐色，薄片状剥落；小枝细弱，紫褐色，光滑无毛，具白色髓心。叶卵状椭圆形，三出脉。先端渐尖；花单瓣，花瓣4枚，乳白色。蒴果陀螺形。花期6月，果期10～11月。冬季可见紫色叶痕连成一线，果实常4裂，宿存于枝。

【分布及生态习性】喜光，较耐阴，耐寒，多生于肥沃、湿润之山谷或溪沟两侧排水良好处，亦能生长在向阳的干瘠土地上，不耐积水。主要分布于我国北部及中部地区。

【园林用途】花白而清香，多朵聚集颇为美丽。宜丛植于草地、林缘、建筑物前，亦可作自然式花篱。

19. 海州常山（图2-2-21）

【科属】马鞭草科赪桐属

【学　名】*Clerodendrum trichotomum* Thunb.

【别名】臭梧桐

【主要识别要点】小枝近于圆形或四棱形，附黄褐色短柔毛，髓中有淡黄色薄片横隔，较疏松。单叶对生，叶片宽卵形，先端渐尖，全缘或疏生波状齿，有臭味。二歧聚伞花序，花冠白色，萼紫红色。核果球形，幼时绿色，成熟时蓝黑色，并托以红色大型宿存萼片。花期6～9月，果期9～11月。冬芽黑色，较小，具柔毛；枝土黄，密生褐色皮孔，叶痕明显，马蹄形。

图2-2-21　海州常山

【分布及生态习性】喜光，稍耐阴，喜温暖、湿润气候，有一定耐寒性、耐旱性。对土壤要求不严，萌蘖性强。主要分布于我国华北、华东、中南、西南地区。

【园林用途】花白、萼红、果蓝，观赏期长，为优良的观花、观萼、观果树种。宜丛植于庭院、山坡、路旁等。

20. 牡丹（图2-2-22）

【科属】毛茛科芍药属

【学名】*Paeonia suffruticosa* Andr.

【别名】洛阳花

【主要识别要点】木质茎高达2m，分枝短而粗。叶互生，通常为宽大的二回羽状复叶，叶平滑无毛，表面绿色，背面有白粉。花大型，单生于枝顶，花径一般在 20cm 左右；花形有单瓣和重瓣，花色丰富，有紫、红、粉、黄、白、绿等色。蓇葖果卵形，密生黄褐色硬毛。花期 4～5 月，果期 9 月。牡丹花色品种极为丰富，常以花色、花期、花形分类，观赏性极强。

【分布及生态习性】喜光、喜凉爽，畏炎热，耐寒。适宜于排水良好的中性砂壤土中生长，否则易烂根。我国广泛栽植。

【园林用途】牡丹素有"国色天香""花中之王"的美称，为我国名贵的观赏花木。园林中常作专类园，供重点美化观赏。也适于孤植、丛植、群植或自然栽种于山石旁、庭院中。

图 2-2-22　牡丹

21. 鸡麻（图 2-2-23）

【科属】蔷薇科鸡麻属

【学名】*Rhodotypos scandens*（Thunb.）Mak.

【别名】山葫芦子

图 2-2-23　鸡麻

【主要识别要点】小枝紫褐色，嫩枝绿色，光滑。单叶对生，卵形，基部圆形，顶端渐尖，表面皱，缘具尖锐重锯齿。单花顶生于新枝，纯白色，倒阔卵形，离瓣花 4 裂，直径 3～5cm，萼片绿色，边缘有锐锯齿，外面被稀疏柔毛，具副萼。核果 1～4，亮黑色，椭圆形，长约 8mm，果可入药。花期 4～5 月，果期 6～9 月。

【分布及生态习性】喜光，耐旱，耐寒，怕涝，适生于疏松、肥沃、排水良好的砂质壤土。我国广泛栽植。

【园林用途】花色纯白，枝叶碧绿，果实黑亮，清丽可人，适宜丛植于草地、路旁、角隅或池边，也可植于山石旁。

22. 三裂绣线菊（图 2-2-24）

【科属】蔷薇科绣线菊属

【学名】*Spiraea trilobata* L.

【别名】三桠绣线菊

图 2-2-24　三裂绣线菊

【主要识别要点】树高通常 1～2m，小枝细而开展，稍呈"之"字形曲折，无毛。叶近圆形，先端钝、通常 3 裂，边缘自中部以上有少数圆钝锯齿，具明显 3～5 出脉。花小而白色，伞形花序具总梗。果实蓇葖果，开裂宿存于冬枝。花期 5～6 月，果期 7～8 月。

【分布及生态习性】喜光，稍耐阴，耐寒、耐旱，适应性强。我国北方广泛栽植，生于多岩石向阳坡地或灌木丛中。

【园林用途】枝叶繁茂，花如积雪，是优良的观花灌木。可植于花坛、草坪、路边、假山及斜坡上，也可于绿地上成片栽植，远远望去，蔚为壮观。

23. 贴梗海棠(图 2-2-25)

【科属】蔷薇科木瓜属

【学名】*Chaenomeles speciosa* (Sweet) Nakai

【别名】皱皮木瓜

图 2-2-25　贴梗海棠

【主要识别要点】小枝开展光滑，有枝刺。单叶互生，椭圆形，叶表光亮，缘有锐齿，托叶大，呈肾形或半圆形。花 3～5 朵簇生，多为朱红色、粉红色。果实卵形或近球形，黄色，芳香。花期 3～4 月，果期 9～10 月。

【分布及生态习性】喜光，耐贫瘠，有一定耐寒能力，喜排水良好的深厚肥沃土壤，不耐水湿。原产我国东部、中部至西南部地区。

【园林用途】春天叶前开花，簇生枝间，鲜艳美丽，秋天硕果芳香秀丽，是优良的观花、观果灌木。宜于草坪、庭院及花坛内丛植或孤植，又可作为花篱及基础种植材料。

24. 蜡梅(图 2-2-26)

图 2-2-26 蜡梅

【**科属**】蜡梅科蜡梅属

【**学名**】*Chimonanthus praecox*（L.）Link

【**别名**】香梅

【**主要识别要点**】小枝四方形，灰褐色。单叶对生，椭圆形，全缘，半革质而较粗糙。花单朵腋生，先叶开放，花冠蜡质黄色，具浓香。瘦果种子状，为坛状果托所包。花期 12 月至次年 3 月，果期 4 ~ 11 月。

【**分布及生态习性**】喜光，耐干旱，怕风，忌水湿，喜深厚而排水良好的土壤，忌黏重及碱性土。原产我国中部，黄河流域至长江流域各地普遍栽培。

【**园林用途**】花开于寒月早春，花黄似蜡，浓香扑鼻，是冬季香花观赏树种。可孤植、对植、丛植、列植于建筑物前、草坪、道路旁，还是室内插花的优良品种。

25. 石榴(图 2-2-27)

【**科属**】石榴科石榴属

【**学名**】*Punica granatum* L.

【**别名**】安石榴

【**主要识别要点**】树干呈灰褐色，上有瘤状突起。枝常有刺，嫩枝有棱，多呈方形。单叶对生或簇生，长椭圆状全缘，亮绿色无毛。花单生枝顶，通常深红色，多皱褶，覆瓦状排列，花萼钟形，质厚紫红色。浆果球形，黄红色。花期 5 ~ 6 月，榴花似火，果期 9 ~ 10 月。

图 2-2-27 石榴

【**分布及生态习性**】喜光，喜温暖向阳的环境，耐旱、耐寒，也耐瘠薄。对土壤要求不严，但以排水良好的砂土栽培为宜。

【**园林用途**】树姿优美，初春嫩叶抽绿，盛夏花艳如火，秋季硕果累累。宜孤植或丛植于庭院，对植于门庭之出处，列植于小道、溪旁、坡地、建筑物之旁，也宜做成各种桩景和供瓶插花观赏。

26. 枸橘(图 2-2-28)

【科属】芸香科枳属

【学名】*Poncirus trifoliata* L.

【别名】臭橘、枳

【主要识别要点】树冠伞形或圆头形。枝绿色，略扭扁，有枝刺，刺长达近 4cm，刺尖干枯状，红褐色，基部扁平。三出复叶互生，总叶柄有翅，叶缘有波状浅齿。花瓣白色，匙形，单朵或成对腋生。果球形，黄绿色，密生绒毛，有香气。花期5～6 月，果期 10～11 月。

图 2-2-28　枸橘

【分布及生态习性】喜光，喜温暖湿润气候及深厚肥沃土壤，有一定的耐寒性，耐修剪，对有毒气体抗性强。我国广泛栽植。

【园林用途】枝绿叶茂而多刺，春季叶前开花，白绿相间，十分清丽，秋季金色果球密布枝间，是观花、观叶、观果的优良树种。在园林中可孤植，宜作绿篱或屏障树，耐修剪，宜造型。

知识链接

花与花序

1. 花的组成

一朵典型的花是由花萼、花冠、雄蕊和雌蕊组成的，它们共同着生于花柄顶端的花托上(图 2-2-29)。花萼——位于花的外侧，通常由几个萼片组成，具有保护作用。花冠——位于花萼内侧，由若干花瓣组成，排列为一轮或数轮，对花蕊具有保护作用。雄蕊——由花丝和花药两部分组成，花丝一般细长，着生于花托之上，呈轮状或螺旋状排列，它支撑着花药，有利于散发花粉。雌蕊——位于花的中央部分，由柱头、花柱、子房三部分组成。柱头位于雌蕊的顶端，是接受花粉的部位，通常呈球状、盘状。雌蕊中柱头与子房之间的部分叫花柱，它是花粉管由柱头进入子房的通道。雌蕊基部膨大的部分叫子房，子房发育成果实。

2. 花序

许多植物的花较多，按一定规律排列在总花轴上，形成花序。

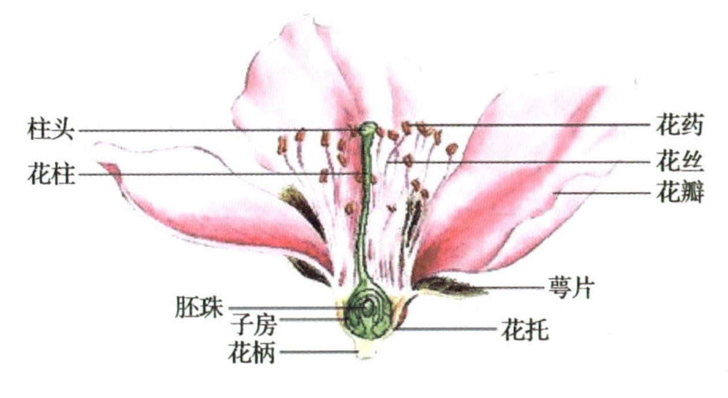

图 2-2-29　花的结构

3. 无限花序

开花由基部开始，依次向上开放，或由边缘向中心开放，花轴顶端能继续伸长并陆续开花。主要类型有：总状花序、穗状花序、肉穗花序、柔荑花序、伞形花序、伞房花序、头状花序、隐头花序(图 2-2-30)。

图 2-2-30　无限花序

(a)总状花序　(b)穗状花序　(c)肉穗花序　(d)柔荑花序　(e)伞形花序　(f)伞房花序　(g)头状花序　(h)隐头花序

4. 有限花序

花轴顶端的小花或中心的花首先开放，开放顺序是由上而下或由内向外，花轴不继续生长。主要类型有：单歧聚伞花序、二歧聚伞花序、多歧聚伞花序（图2-2-31）。

(a) (b) (c)

图2-2-31 有限花序

（a）单歧聚伞花序 （b）二歧聚伞花序 （c）多歧聚伞花序

二、26种观花灌木树种基本信息汇总（表2-2-1）

表2-2-1 26种观花灌木树种基本信息汇总

序号	种 名	别 名	学 名	科 属	观赏点	观赏期
1	月季	月月红	*Rosa chinensis* Jacq.	蔷薇科 蔷薇属	花	花期4～11月，果期9～11月
2	棣棠	地棠	*Kerria japonica*（L.）DC.	蔷薇科 蔷薇属	枝、花	花期4～6月，果期6～8月
3	黄刺玫	刺玫花	*Rosa xanthina* Lindl.	蔷薇科 蔷薇属	花、果	花期4～5月，果期7～8月
4	榆叶梅	小桃红	*Prunus triloba* Lindl.	蔷薇科 李属	花	花期4月，果期7月
5	水栒子	多花栒子	*Cotoneaster multiflora* Bunge.	蔷薇科 栒子属	花、果	花期5月，果期9月
6	珍珠梅	吉氏珍珠梅	*Sorbaria sorbifolia*（L.）A. Br.	蔷薇科 珍珠梅属	花	花期6～8月，果期9月
7	金银木	金银忍冬	*Lonicera maackii*（Rupr.）Maxim.	忍冬科 忍冬属	花、果	花期5～6月，果期8～10月
8	天目琼花	鸡树条荚蒾	*Viburnum sargentii* Koehne.	忍冬科 荚蒾属	花、果	花期5～6月，果期9～10月
9	锦带花	五色海棠	*Weigela florida*（Bunge）A. DC.	忍冬科 锦带花属	花	花期4～5月，果期10～11月
10	猬实	美人木	*Kolkwitzia amabilis* Graebn.	忍冬科 猬实属	花、果	花期5～6月，果期8～9月

（续）

序号	种　名	别　名	学　名	科　属	观赏点	观赏期
11	连翘	黄绶带	*Forsythia suspensa*（Thunb.）Vahl	木犀科 连翘属	花	花期 3～4 月，果期 7～8 月
12	紫丁香	丁香	*Syringa oblata* Lindl.	木犀科 丁香属	花	花期 4～5 月，果期 8～9 月
13	迎春	金腰带	*Jasminum nudiflorum* Lindl.	木犀科 茉莉属	枝、花	花期 3～4 月
14	紫荆	满条红	*Cercis chinensis* Bunge	苏木科 紫荆属	花、果	花期 4～5 月，果期 8～9 月
15	木槿	篱障花	*Hibiscus syriacus* Lindl.	锦葵科 木槿属	花	花期 6～9 月，果期 9～10 月
16	紫薇	百日红	*Lagerstroemia indica* L.	千屈菜科 紫薇属	花	花期 6～9 月， 果期 10～11 月
17	红瑞木	凉子木	*Cornus alba* L.	山茱萸科 梾木属	枝、花、	花期 5～6 月，果期 8～9 月
18	太平花	京山梅花	*Philadelphus pekinensis* Rupr.	八仙花科 山梅花属	花	花期 6 月，果期 10～11 月
19	海州常山	臭梧桐	*Clerodendrum trichotomum* Thunb.	马鞭草科 赪桐属	花、萼、果	花期 6～9 月，果期 9～11 月
20	牡丹	洛阳花	*Paeonia suffruticosa* Andr.	毛茛科 芍药属	花	花期 4～5 月，果期 9
21	鸡麻	山葫芦子	*Rhodotypos scandens*（Thunb.）Mak	蔷薇科 鸡麻属	花、果	花期 4～5 月，果期 6～9 月
22	三裂绣线菊	三桠绣线菊	*Spiraea trilobata* L.	蔷薇科 绣线菊属	花	花期 5～6 月，果期 7～8 月
23	贴梗海棠	邹皮木瓜	*Chaenomeles speciosa*（Sweet）Nakai	蔷薇科 木瓜属	花、果	花期 3～4 月，果期 9～10 月
24	蜡梅	香梅	*Chimonanthus praecox*（L.）Link	蜡梅科 蜡梅属	花、果	花期 12 月至翌年 3 月，果期 4～11 月
25	石榴	安石榴	*Punica granatum* L.	石榴科 石榴属	花、果	花期 5～6 月，果期 9～10 月
26	枸橘	臭橘、枳	*Poncirus trifoliata* L.	芸香科 枳属	花、果	花期 5～6 月，果期 10～11 月

知识拓展

禾本科植物花的特点

禾本科植物是单子叶植物，包括竹类、多种草坪草及小麦、水稻、玉米等。其花通常由2枚浆片、3枚或6枚雄蕊及1枚雌蕊组成(图2-2-32)。在花的两侧有1枚外稃和1枚内稃。浆片是花被片的变态器官。开花时，浆片吸水膨胀，撑开外稃和内稃，使雄蕊和柱头露出稃外，有利于传粉。

禾本科植物的花与内、外稃组成小花，这些小花与1对颖片组成小穗。不同的禾本科植物可再由许多小穗集合成不同的花序类型。

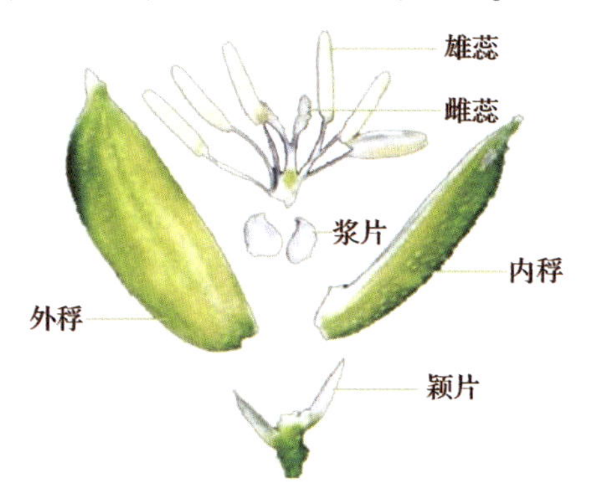

图2-2-32　水稻花的示意图

单元小结

园林绿化中植物规划尤为重要，而植物规划的前提即是对植物的认知。在认知基础上，进而对树种进行选择、配置等具体规划，发挥各自优势作用。

本单元主要掌握灌木、藤木的概念及园林用途。在形态识别学习过程中，学习茎的分类等相关知识，园林植物花、果的组成及花序类型；掌握植物识别要点；学会用专业术语对植物进行综合描述，并体会植物文化。

动脑动手

1. 根据树种的形态、特点，制作北京常见植物列表，思考并体会植物意境美。

2. 制作四季叶画，展示植物的特征及其季相变化。

练习与思考

一、回答下列问题

1. 绿篱的作用是什么？常见树种有哪些？
2. 北京常见垂直绿化树种有哪些？
3. 北方夏季常见花灌木有哪些？
4. 植物茎的类型有哪些？举例说明。
5. 植物果实的类型有哪些？举例说明。

二、写出以下名词含义，并举出3个实例。

1. 藤木
2. 花灌木
3. 单果

单元三
认知园林花卉

单元介绍

通过本单元的学习，认知花坛花卉20种，认知花境花卉14种，认知盆栽花卉16种。了解种子、果实的结构；掌握植物根尖分区、根系的功能；掌握植物营养器官的变态类型等植物基础知识。

花卉指具有观花、观叶、观茎、观果草本或木本植物的总称。园林中根据花卉栽培使用方式的不同，将其分为花坛花卉、花境花卉和盆栽花卉。

本单元分为3个任务。任务一　认知花坛花卉；任务二　认知花境花卉；任务三　认知盆栽花卉。

单元目标

1. 识别20种花坛花卉、14种花境花卉、16种盆栽花卉。
2. 掌握各类花卉用途。
3. 了解植物根尖分区。
4. 掌握植物根系类型、根的结构及作用。
5. 了解种子萌发过程。
6. 了解植物开花与传粉。
7. 了解植物果实构造。
8. 了解根尖结构、根系的功能。
9. 掌握植物营养器官的变态类型。

任务一　认知花坛花卉

北京是全国政治文化中心，国际化大都市，所以在比较重要的节日期间，针对一些重点场所，如天安门广场、市政广场、重点街头绿地、单位门前等会摆放花坛布置环境，用以烘托节日的气氛。起初北京的城市花卉布置常为秋季的国庆节日花坛，随后增加了春季的“五一”节日花坛，而后为了迎接北京奥运会的召开和纪念“七一”建党节等，夏季花坛逐渐进入公众视野，最终形成了北京今天的“常态化”花卉布置新格局。

任务说明

任务内容：花坛设计部门为迎接“五一”劳动节及“十一”国庆节分别设计一组花坛，需设计人员根据节日所处季节及花坛设计要求的不同，为花坛制作选择适宜的植物材料，最后需将植物选择结果做成汇报方案，可用 PPT 作为方案汇报形式。方案中需说明选用的花坛花卉的主要特点。

学习内容：通过对花坛花卉的学习，掌握 20 种花坛花卉的形态特征，生态特性、应用形式，了解种子结构、种子类型、种子萌发条件。

一、认知春季花坛花卉

“五一”劳动节期间处于北京地区春季，常用作花坛制作的花卉有以下几种。

1. 五色苋（图 3-1-1）

【科属】苋科虾钳菜属

【学 名】*Alternanthera bettzickiana* （Regel）Nichols.

【别名】五色草

【主要识别要点】枝繁密。单叶对生，匙形至披针形，全缘，叶色绿、黄、暗紫、褐等。北京观赏期 4 ~ 10 月。

【分布及生态习性】原产南美巴西，我国各地普遍栽培。性喜光，耐半阴，不耐寒，喜温暖、高燥的环境。

【园林用途】春、夏、秋三季均可应用，部分品种秋凉后叶色更加艳丽，常应用于模纹花

图 3-1-1　五色苋

坛、立体花坛，北京应用尤多。

图 3-1-2　金鱼草

2. 金鱼草(图 3-1-2)

【科属】玄参科金鱼草属

【学名】*Antirrhinum majus* L.

【别名】龙头花

【主要识别要点】多年生草本，常作一年生栽培。株高 20～120cm。单叶常对生，披针形，全缘。花序顶生，花色白、黄、粉、红、紫等。北京春季花期 4～5 月。根据株高分为矮生、中生、高生等，其中中生品种在北京的耐热性和花期优于其他类型，春季花期可至 6 月。

【分布及生态习性】原产地中海沿岸地区，我国各地均可栽培。性喜光，较耐寒，喜凉爽的环境。

【园林用途】北京重要的春季花坛花卉、花境花卉，中、矮生品种常群植于花坛，中、高生品种可丛植于花境，高生品种还常作切花瓶插。

图 3-1-3　四季秋海棠

3. 四季秋海棠(图 3-1-3)

【科属】秋海棠科秋海棠属

【学名】*Begonia semperflorens* Link et Otto

【别名】瓜子海棠

【主要识别要点】多年生草本，常作一年生栽培。株高 20～50cm。单叶互生，卵圆形，缘具齿，基部偏斜，具光泽，绿色或铜色。雌雄异花，花色白、粉、玫红、红等。北京花期 4～10 月。根据叶色被分为绿叶、铜叶等，其中铜叶品种在北京耐全光的特性优于绿叶品种。

【分布及生态习性】原产印度东北

部，我国各地均可栽培。性喜半阴，耐全光，不耐霜冻，喜温暖的环境。

【园林用途】北京重要的花坛花卉、立体花坛植物，春、夏、秋三季都可应用，丛植、群植、盆栽摆放等效果均佳。

4. 石竹(图 3-1-4)

【科属】石竹科石竹属

【学名】*Dianthus chinensis* L.

【别名】绣竹、常夏

【主要识别要点】多年生草本，常作一年生栽培。株高 30～50cm；节处明显膨大。单叶对生，线状披针形，全缘。花瓣 5，花色紫、红、粉、白等，花多具香气。北京春季花期 5～6 月。

图 3-1-4　石竹

【分布及生态习性】原产我国东北地区，华北、长江流域各地均可栽培。性喜光，耐寒，喜高燥的环境。

【园林用途】石竹是北京重要的春季花坛花卉，花朵繁密，常群植、片植于城市公共绿地；须苞石竹还常作切花瓶插。

5. 非洲凤仙花(图 3-1-5)

【科属】凤仙花科凤仙花属

图 3-1-5　非洲凤仙花

【学名】*Impatiens walleriana* Hook f.

【别名】玻璃翠

【主要识别要点】多年生草本，常作一年生栽培。株高 15～40cm；茎平滑，肉质。单叶常互生，卵形至卵状披针形，缘具齿；一个花萼具距，花色白、橙、粉、红、紫等。北京花期 4～10 月。形态多样，有高生与矮生、绿叶与铜绿叶、单瓣与重瓣之分。

【分布及生态习性】原产东非洲，我国各地均可温室栽培。性喜半阴，不耐寒，喜温暖、湿润的环境。

【园林用途】北京重要的喜半阴的花坛花卉，春、夏、秋三季均可应用，花繁色艳，常群植、片植于城市公共绿地，北方少有的林下观花植物。

6. 矮牵牛(图3-1-6)

【科属】茄科碧冬茄属

【学名】*Petunia hybrid* Vilmorin

【别名】碧冬茄

图3-1-6　矮牵牛

【主要识别要点】多年生草本，常作一年生栽培。株高20～60cm，全株具黏毛。单叶多互生，卵形，全缘，近无柄。花腋生或顶生，花冠裂片5，花色白、粉、红、紫等，部分品种具香气或重瓣。北京花期4～10月。根据习性分为大花矮牵牛、多花矮牵牛、小花矮牵牛、蔓生矮牵牛等。

【分布及生态习性】原产南美洲，我国各地均可栽培。性喜光，不耐寒，不耐涝，喜肥，喜干热的环境。

7. 蓝花鼠尾草(图3-1-7)

【科属】唇形科鼠尾草属

【学名】*Salvia farinacea* Benth.

【别名】一串蓝

图3-1-7　蓝花鼠尾草

【主要识别要点】多年生草本，常作一年生栽培。株高30～60cm；茎四棱，被白粉。单叶对生，长椭圆形，缘具齿。花序顶生，花色蓝、蓝紫、灰白。北京花期5～10月。

【分布及生态习性】原产北美南部地区，我国各地均可栽培。性喜光，不耐寒，喜温暖的环境。

【园林用途】北京重要的花坛花卉、花境花卉，春、夏、秋三季均可应用，常丛植、群植、片植于城市公共绿地。是不可多得的三季开蓝色花的植物，还可招蜂引蝶。

8. 一串红(图 3-1-8)

图 3-1-8 一串红

【科属】唇形科鼠尾草属

【学名】*Salvia splendens* Ker-Gawl.

【别名】象牙红

【主要识别要点】多年生草本，常作一年生栽培。株高 20～90cm；茎四棱。单叶对生，卵形，缘具齿。花序顶生，花色红、紫、乳白。北京春季花期 4～6 月，秋季花期 8～10 月。根据株高被分为矮生、高生等品种，其中矮生品种北京常作花坛花卉，而高生品种盆栽较多。

【分布及生态习性】原产巴西，我国各地广泛栽培。性喜光，耐半阴，不耐寒，喜温暖的环境。

【园林用途】北京重要的秋季花坛花卉，常丛植、群植于花坛，亦可盆栽观赏。

9. 彩叶草(图 3-1-9)

图 3-1-9 彩叶草

【科属】唇形科彩叶草属

【学名】*Solenostemon scutellarioides*（L.）Renth.

【别名】锦紫苏

【主要识别要点】多年生草本，常作一年生栽培。株高 20～80cm；茎四棱。单叶对生，卵圆形，缘具齿，叶形变化较大，叶色绿、黄、红、紫等。北京观赏期 5～10 月。根据喜光强弱被分为喜半阴、耐全光等品种。

【分布及生态习性】原产亚太热带地区，我国各地均可温室栽培。性喜半阴，不耐寒，喜温暖、湿润的环境。

【园林用途】北京重要的花坛观叶植物、立体花坛材料，春、夏、秋三季均可应用，

图 3-1-10　郁金香

常丛植、群植于城市公共绿地，亦可盆栽观赏，是北方少有的观叶植物。

10. 郁金香(图 3-1-10)

【科属】百合科郁金香属

【学名】*Tulipa gesneriana* L.

【别名】洋荷花

【主要识别要点】多年生球根草本，常作一年生栽培。株高 20～40cm。单叶基生，3～5 枚，带状披针形至卵状披针形，波状全缘。花被片 6，花色紫、红、粉、橙、黄、白等。北京花期 4～5 月。

【分布及生态习性】原产中国新疆、西藏，伊朗和土耳其高山地带，我国各地均可栽培。性喜光，耐半阴，耐寒，喜富含腐殖质、排水良好的环境。

【园林用途】花大色艳、品种多样，世界各地广为栽培，常秋季丛植、群植于花坛，春季赏花，亦可作切花。

11. 三色堇(图 3-1-11)

【科属】堇菜科堇菜属

【学名】*Viola wittrockiana* L.

【别名】蝴蝶花

【主要识别要点】多年生草本，常作一年生栽培。株高 15～30cm。单叶基生和茎生，心形至狭心形，缘有齿。花腋生，花瓣 5，其中一花瓣具距，花色白、黄、橙、红、紫、蓝等。北京春季花期 4～5 月。

【分布及生态习性】原产欧洲北部，我国各地均可栽培。性喜光，较耐寒，喜凉爽的环境。

【园林用途】北京重要的春季花坛花卉，花大色艳、品种繁多，常群植、

图 3-1-11　三色堇

片植于城市公共绿地，亦可盆栽。

二、认知夏秋季花坛花卉

“十一”国庆节期间处于北京地区秋季，此时的花坛制作除使用几种常见的秋季观赏较好的植物材料外，为加强花坛表现效果，还会选择一些夏季或春季观赏效果较好的花坛花卉，此类花卉可以通过人工控制花期等方式处理栽培后使用。下面介绍几种常用作夏秋季花坛的植物材料。

12. 大花美人蕉（图 3-1-12）

【科属】美人蕉科美人蕉属

【学名】*Canna generalis* Bailey

【别名】美艳蕉、状元红

【主要识别要点】多年生球根草本。株高 60～200cm。单叶互生，广卵形，全缘或缘波状，叶色绿或暗紫红，亦有花叶品种。花色白、黄、粉、红等。北京花期 8～10 月。

图 3-1-12　大花美人蕉

【分布及生态习性】原产南美洲，我国各地均可栽培。性喜光，较耐寒，喜温暖、湿润的环境。

【园林用途】植株秀丽、花繁色艳，常丛植、群植于花坛或花境。

13. 羽状鸡冠花（图 3-1-13）

【科属】苋科青葙属

【学名】*Celosia plumose* var. *plumosus*

【别名】凤尾鸡冠花

【主要识别要点】一年生草本。株高 20～90cm；茎具纵向的沟槽。单叶互生，卵状至线状，全缘。花序肉质，花色黄、橙、粉、红等。北京花期 8～10 月。根据花序形态分为头状、羽状、穗状等品种。

图 3-1-13　羽状鸡冠花

【分布及生态习性】原产非洲、美洲热带和印度，我国各地均可栽培。性喜光，不耐寒，不耐涝，喜炎热、空气干燥的环境。

【园林用途】花序多样、花色繁多，羽状品种常丛植、群植于花坛，穗状品种常作切花瓶插。

14. 小菊(图 3-1-14)

【科属】菊科茼蒿属

【学名】*Chrysanthemum morifolium*

【别名】地被菊

【主要识别要点】亚灌木。株高 20 ~ 40cm。单叶互生，长圆形，缘具齿。花色白、黄、粉、红、紫等。北京花期 9 ~ 10 月。菊花的一类，与独本菊相比，通常植株低矮，花朵繁密，花径偏小。

【分布及生态习性】原产我国，人工培育而成，我国北方地区广泛栽培。性喜光，较耐寒，不耐涝，喜温暖的环境。

图 3-1-14　小菊

【园林用途】北京重要的秋季花坛花卉，花形多样、花繁色艳，常群植、片植于花坛，也常盆栽观赏，部分品种可代茶饮或制作成造型菊。

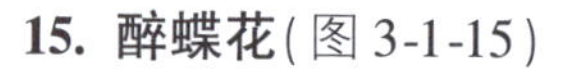

15. 醉蝶花(图 3-1-15)

【科属】白花菜科白花菜属

【学名】*Cleome hassleriana* L.

【别名】蜘蛛花

【主要识别要点】一年生草本。株高 80 ~ 150cm，全株被黏质腺毛，具托叶刺。掌状复叶互生，小叶倒披针形，缘具浅齿。花序顶生，花色白、粉、紫等，花具香气。北京花期 6 ~ 9 月。

【分布及生态习性】原产热带美洲，我国各地均可栽培。性喜光，耐半阴，不耐寒，喜肥，喜温暖的环境。

【园林用途】植株高大，常丛植于花坛、花境，亦可盆栽观赏。植株具

图 3-1-15　醉蝶花

图 3-1-16　千日红

刺，应避免儿童近距离接触。

16. 千日红(图 3-1-16)

【科属】苋科千日红属

【学名】*Gomphrena globosa* L.

【别名】百日红、千金红

【主要识别要点】一年生草本。株高 30～60cm，全株被毛。单叶对生，长卵圆形至卵圆形，全缘。头状花序球形，花小而密生，苞片有白、粉、红、紫等色。北京花期 6～9 月。

【分布及生态习性】原产热带美洲，我国各地均可栽培。性喜光，耐干旱，喜炎热、干燥的环境。

【园林用途】花繁色艳，常丛植、群植于花坛，亦可作干花或代茶饮。

17. 黑心菊(图 3-1-17)

【科属】菊科金光菊属

【学名】*Rudbeckia hirta* L.

【别名】毛叶金光菊

【主要识别要点】一年生草本。株高 30～90cm，全株被粗毛。单叶互生，长椭圆形，缘具齿。头状花序顶生，舌状花金黄色，管状花紫黑色或绿色。北京花期 7～10 月。

【分布及生态习性】原产美国东部地区，我国各地均可栽培。性喜光，较耐寒，喜温暖的环境。

【园林用途】花期较长，花大而多，常群植、片植于花坛，亦可用于花境。

图 3-1-17　黑心菊

18. 万寿菊(图 3-1-18)

【科属】菊科万寿菊属

【学名】*Tagetes erecta* L.

【别名】臭芙蓉

图 3-1-18　万寿菊

【主要识别要点】一年生草本。株高20～90cm。单叶对生或互生，羽状全裂，裂片披针形，具明显油腺点。头状花序顶生，花色乳白、黄、橙、锈红等。北京春季花期4～6月，夏秋季花期7～10月。

【分布及生态习性】原产墨西哥及中美洲，我国各地均有栽培。性喜光，不耐寒，喜高燥、肥沃、湿润的环境。

【园林用途】花期长、花繁色艳，世界各地均广为栽培，常群植、片植于城市公共绿地。

19. 夏堇(图 3-1-19)

【科属】玄参科蝴蝶草属

【学名】*Torenia fournieri* Linden.

【别名】蝴蝶草、蓝猪耳

【主要识别要点】一年生草本。株高15～30cm；茎四棱。单叶对生，长心形，缘具齿。花冠裂片4，花色蓝、玫红、粉、黄等。北京花期6～10月。根据株形被分为直立型、半蔓型等。

【分布及生态习性】原产越南，我国各地均可栽培。性喜光，耐半阴，喜温暖、湿润的环境。

【园林用途】花期长、花朵繁密，常丛植、群植于花坛，亦可盆栽观赏。

20. 百日草(图 3-1-20)

【科属】菊科百日草属

【学名】*Zinnia elegans* Jacq.

【别名】百日菊

【主要识别要点】一年生草本。株高30～90cm。单叶对生，长圆形，全缘。头状花序顶生，花色白、黄、橙、红、紫等。北京花期6～10月。

【分布及生态习性】原产墨西哥，我国各地均可栽培。性喜光，不耐寒，喜高燥的

图 3-1-19　夏堇

图 3-1-20　百日草

环境。

【园林用途】花期长、花繁色艳，常群植、片植于城市公共绿地。

知识链接

一、花坛花卉

花坛花卉是指常以几何图案单独或连续规则地布置于各类广场、道路旁或节点等处的花卉。有平面花坛、斜面花坛、立体花坛等之分。花坛花卉植株通常比较低矮，整齐一致性高，花繁色艳，主要是一、二年生或栽作一年生用的多年生草本观花植物，也有一些观叶植物，因而观赏期通常只能持续 2 ~ 3 个月。

花坛花卉大部分是采用播种繁殖，如三色堇、矮牵牛、四季秋海棠等。了解种子的基本结构、掌握种子萌发条件在生产中显得尤为重要。

二、种子的结构和类型

（一）种子的结构

植物的种类不同，其种子在大小、形状和颜色等方面有着较大的差别，但其基本结构都是一致的。种子都是由胚、胚乳和种皮三部分组成（图 3-1-21）。

1. 种皮

种皮包在种子的最外面，起到保护作用。种皮的薄厚、颜色等特征因植物种类的不同而存在差异，是鉴别植物种类的依据之一。

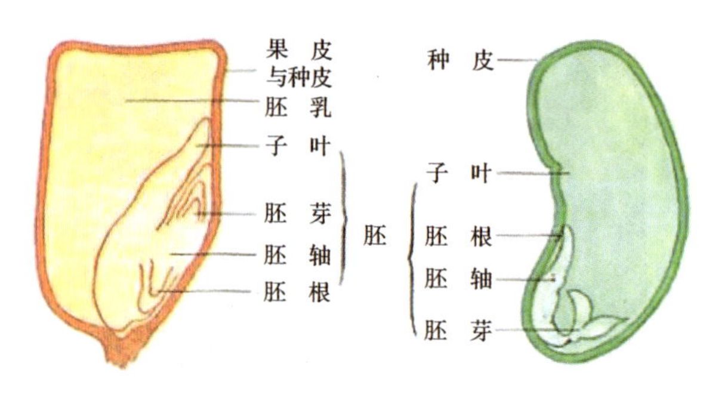

图 3-1-21　种子的结构

种皮由珠被发育而成。具有一层珠被的胚珠，形成一层种皮，如核桃等。具有两层珠被的胚珠，常形成两层种皮，分为外种皮和内种皮，如蔷薇科、大戟科植物。一般种皮坚硬而厚，由厚壁组织组成，有各种色泽、花纹或其他附属物。如油松、泡桐、梓属的种皮延伸成翅，杨、柳种子有毛等。

成熟的种子，在种皮上常有种脐、种孔。种脐是种子从果实上脱落时留下的痕迹；种孔由珠孔发育而来，是种子萌发时吸收水分和胚根伸出的孔道；有的种子还有隆起的种脊，是进入种子的维管束集中分布的地方。有的种子还有种阜，能覆盖种孔和种脐。

有些植物具有假种皮，它是珠柄或胎座发育成的。例如荔枝、龙眼的食用部分就是假种皮将胚珠包围起来，卫矛种子具橙红色的假种皮。

2. 胚

胚是由合子发育而成的，是种子中最重要的部分，新的植物体就是由胚生长发育而成的。胚由胚芽、胚轴、胚根和子叶四部分组成。

胚根和胚芽的体积很小，胚根一般为圆锥形，胚芽常具雏叶的形态。胚轴位于胚根和胚芽之间，并与子叶相连，一般很短；依据子叶着生的位置将胚轴分为上胚轴和下胚轴，即子叶着生点至第一片真叶之间，称上胚轴，而子叶着生点到胚根之间，称下胚轴。子叶与一般正常叶的功能是不同的，有贮藏养料的作用，或能从胚乳中吸收、转化营养物质供胚生长时使用。

种子萌发时，胚芽发育成主茎和叶，胚根发育为初生根，而胚轴大多数将来成为茎的部分，子叶的功能是贮藏养料或从胚乳中吸收养料，供胚生长消耗。

根据子叶的数目，被子植物可分为两大类：具有两个子叶的植物称为双子叶植物，如桃树、槐树。具有一个子叶的植物称为单子叶植物，如百合、早熟禾。而裸子植物的子叶数目不确定，通常在 2 个以上，如扁柏 2 个，银杏 2～3 个，而松树多个。

3. 胚乳

胚乳是种子内贮藏营养物质的部分，种子萌发时，为胚的发育提供营养。有些植物的胚乳在种子发育过程中，已被胚吸收、利用。所以，这类种子在成熟后，只有种皮和胚两部分，没有胚乳。

（二）种子的类型

种子分为有胚乳种子和无胚乳种子两类。

1. 有胚乳种子

这类种子由种皮、胚和胚乳三部分组成。胚乳占有较大比例，胚较小。大多数单子叶植物、许多双子叶植物和裸子植物的种子都是有胚乳种子。

（1）双子叶植物中，蓖麻是典型的有胚乳种子。

（2）单子叶植物中的竹类、稻、麦及其他禾本科植物的种子都是有胚乳种子。

（3）裸子植物中，松属种子是有胚乳种子。

2. 无胚乳种子

这类植物的种子只有种皮和胚两部分，没有胚乳，肥厚的子叶贮存了丰富的营养物质，代替了胚乳的功能。多见于大部分双子叶植物和部分单子叶植物。

（1）双子叶植物中，刺槐、梨、核桃等的种子是无胚乳种子。

（2）单子叶植物中，慈姑的种子是无胚乳种子。

三、20种花坛花卉基本信息汇总（表3-1-1）

表3-1-1 20种花坛花卉基本信息汇总

序号	种 名	别 名	学 名	科 属	观赏点	观赏期
1	五色苋	五色草	*Alternanthera bettzickiana* (Regel) Nichols.	苋科虾钳菜属	叶	4～10月
2	金鱼草	龙头花	*Antirrhinum majus* L.	玄参科金鱼草属	花	4～5月
3	四季秋海棠	瓜子海棠	*Begonia semperflorens* Link et Otto	秋海棠科秋海棠属	花	4～10月
4	石竹	绣竹、常夏	*Dianthus chinensis* L.	石竹科石竹属	花	5～6月
5	非洲凤仙花	玻璃翠	*Impatiens walleriana* Hook f.	凤仙花科凤仙花属	花	4～10月
6	矮牵牛	碧冬茄	*Petunia hybrida* Vilomorin	茄科碧冬茄属	花	4～10月
7	蓝花鼠尾草	一串蓝	*Salvia farinacea* Benth.	唇形科鼠尾草属	花	5～10月

（续）

序号	种　名	别　名	学　名	科　属	观赏点	观赏期
8	一串红	象牙红	*Salvia splendens* Ker.-Gawl.	唇形科鼠尾草属	花	春 4～6 月，秋 8～10 月
9	彩叶草	锦紫苏	*Solenostemon scutellarioides*(L.) Renth.	唇形科彩叶草属	叶	5～10 月
10	郁金香	洋荷花	*Tulipa gesneriana* L.	百合科郁金香属	花	4～5 月
11	三色堇	蝴蝶花	*Viola wittrockiana* L.	堇菜科堇菜属	花	4～6 月
12	大花美人蕉	美艳蕉、状元红	*Canna generalis* Bailey	美人蕉科美人蕉属	花	8～10 月
13	羽状鸡冠花	凤尾鸡冠花	*Celosia plumosa* var. *plumosus*	苋科青葙属	花	8～10 月
14	小菊	地被菊	*Chrysanthemum morifolium*	菊科茼蒿属	花	9～10 月
15	醉蝶花	蜘蛛花	*Cleome hassleriana* L.	白花菜科白花菜属	花	6～9 月
16	千日红	百日红、千金红	*Gomphrena globosa* L.	苋科千日红属	花	6～9 月
17	黑心菊	毛叶金光菊	*Rudbeckia hirta* L.	菊科金光菊属	花	7～10 月
18	万寿菊	臭芙蓉	*Tagetes erecta* L.	菊科万寿菊属	花	7～10 月
19	夏堇	蝴蝶草、蓝猪耳	*Torenia fournieri* Linden.	玄参科蝴蝶草属	花	6～10 月
20	百日草	百日菊	*Zinnia elegans* Jacq.	菊科百日草属	花	6～10 月

知识拓展

一、种子的寿命

在自然条件下，种子的寿命可由几个星期到很多年。寿命短的种子，成熟后只在 12h 内有发芽能力。杨树种子寿命一般不超过几个星期。糖槭的种子在成熟时含水量约为 58%，一旦含水量下降到 40% 以下，种子就死去。寿命长的种子可达百年以上，我国辽宁省多次在泥炭土层中发现莲的瘦果，埋藏至少 120 年，但仍能正常发芽、开花、结果。

种子寿命长短和贮藏条件有关。一般来说，种子在干燥、低温条件下易于保存，寿命较长。在高温多湿条件下，呼吸强烈，消耗种子中贮藏的养分，呼吸放出较多能量，产生高温，伤害种胚，所以丧失生活力。

二、种子萌发

1. 影响种子萌发的外界条件

(1)水分　贮藏的种子，含水量极低，原生质处于凝胶状态，呼吸作用极微弱。

吸水是种子萌发的第一步。水分可使干缩、坚硬的种皮膨胀软化，氧气透入，增加呼吸强度。种子吸收足够的水分以后，其他生理作用才能逐渐开始。水可使原生质从凝胶状态转变为活跃的溶胶状态，活化一系列酶的作用，使各种代谢活动加强，促进物质与能量的转化；为幼芽、幼根等生长发育提供条件。另外，细胞吸涨以后产生的力，为胚突破种皮提供了能量。因此，充足的水分是种子萌发的必要条件。

(2)温度　种子萌发时，发生一系列在酶作用下的生理生化反应。适宜的温度可以促进这些酶的活性，增加反应的速度，温度过高或过低对种子萌发都是不利的。种子的萌发有其最低、最高与最适温度，不同植物种子的萌发对温度要求的范围不同。大部分种子萌发最适温度在20～25℃。

(3)氧气　植物种子在休眠状态下，呼吸作用极微弱，对氧的需求近乎为0。然而一旦种子开始萌发，随着呼吸作用不断加强，需要充足的氧气供应。种子萌发是一个非常活跃的生长过程，需要有氧呼吸提供必要的能量和中间产物。因此，氧气对种子萌发极为重要。

(4)光线　对于大多数植物种子的萌发光线没有影响。但有些植物的种子必须经过一定光线的照射才能萌发，这类种子叫需光种子，如烟草、毛地黄的种子等。而另一类种子萌发，则受到光的抑制，这类种子叫嫌光种子，瓜类、苋菜的种子都属于这一类。在这类种子中，需光和嫌光的程度又因种类而异，与种子后熟程度也有关。

2. 种子萌发过程

具有发芽力的种子在水分、温度、氧气、光线等适宜的条件下，就可以萌发，逐渐形成幼苗。种子的萌发过程可分为吸涨、萌动和发芽3个阶段。

(1)吸水膨胀　干种子吸水膨胀后，种皮变软，呼吸作用增强；酶的活性和代谢作用显著加强。贮藏在胚乳或子叶中的淀粉、脂肪和蛋白质等物质分解为单糖、氨基酸等可溶性有机物，运输到胚部，供细胞吸收利用。

(2)种子萌动　营养物质的提供，促进胚细胞数目增多，体积增大，使胚根、胚芽、胚轴很快生长。到达一定限度，胚根首先冲破种皮而出；然后向下生长，形成主根。这就是种子的萌动。

(3)发芽　种子萌动后，胚继续生长。随着胚轴细胞生长和伸长，胚芽、子叶一起长出地面，形成新芽，完成萌发的第三个阶段。

三、幼苗的类型

种子发芽后，胚芽形成茎、叶，胚就逐渐转变成独立的幼苗。根据幼苗出土是否带有子叶，分为子叶出土幼苗和子叶留土幼苗两种。

1. 子叶出土幼苗

种子萌发时，下胚轴迅速生长，将子叶、上胚轴和胚芽推出地面。大多数裸子植物、双子叶植物都是这种类型。

2. 子叶留土幼苗

种子萌发时，下胚轴不伸长，子叶始终留在土壤中。只是上胚轴和胚芽向上生长，形成幼苗的主茎。一部分双子叶植物如核桃、油茶及大部分单子叶植物如毛竹、棕榈都属此类型。

任务二 认知花境花卉

任务说明

任务内容：在北京地区一公园内设计一个以多年生草本植物为主的花境，植物的选择要能适应北京地区各季节气候的变化，并符合花境设计的要求，最后将选择结果做成汇报方案。可用 PPT 作为方案汇报形式。方案当中需说明花境植物使用的具体位置及主要特点。

学习内容：通过对 14 种宿根花卉的学习，了解花境花卉种类、形态特征、生态特点，了解植物开花与传粉、果实构造，并通过学习完成以上任务。

随着人们生活质量的提高，对环境的要求也不再局限于有树有花就行，还要求植物的配置有美感，更贴近自然的状态，花境这种人工植物环境则是满足此种要求而出现的。北京地区早春干风和倒春寒时常发生，夏季湿热且持续期长，秋季凉爽但短暂，冬季寒冷又漫长，所以能在北京应用的花境花卉相对偏少，而且观赏期也较短。

图 3-2-1 蜀葵

一、认知常见花境花卉

1. 蜀葵（图 3-2-1）

【科属】锦葵科蜀葵属

【学名】*Alcea rosea*（L.）Cavan.

【别名】熟季花、戎葵

【主要识别要点】多年生宿根草本，常作二年生栽培。株高 200 ~ 300cm，全株被毛。

单叶互生，圆心形、缘掌状裂。花瓣5，花色白、黄、粉、红、紫等。北京花期6~8月。根据花型分为单瓣、复瓣、重瓣等。

【分布及生态习性】原产我国四川，全国各地均可栽培。性喜光，耐寒，喜温暖、湿润的环境。

【园林用途】中国传统名花，北京夏季大型宿根花卉，植株高大、花多色艳，常丛植于房前屋后或应用于花境。

2. 金鸡菊(图3-2-2)

【科属】菊科金鸡菊属

【学名】*Coreopsis grandiflora* Hogg.

【别名】金钱菊

【主要识别要点】多年生宿根草本。株高30~60cm。基生叶披针形，全缘；茎生叶3~5裂，裂片披针形至线形。头状花序具长梗，花色黄。北京花期6~10月。

图3-2-2　金鸡菊

【分布及生态习性】原产美国南部，我国各地均可栽培。性喜光，较耐寒，喜温暖的环境。

【园林用途】北京重要的夏秋季花坛花卉、花境花卉，花期长、花朵多，常丛植、群植于城市公共绿地。

3. 萱草(图3-2-3)

【科属】百合科萱草属

【学名】*Hemerocallis fulva*（L.）L.

【别名】忘忧草、黄花菜

图3-2-3　萱草

【主要识别要点】多年生宿根草本。株高20~60cm。单叶基生，线形，全缘。花被片6，花色黄、粉、橙、红、紫等，部分品种具芳香或重瓣。北京花期6~8月不等。

【分布及生态习性】原产中国、西伯利亚、日本和东南亚，我国各地均可栽培。性喜光，耐半阴，耐寒、耐旱，喜温暖的环境。

图 3-2-4　芙蓉葵

【园林用途】中国传统名花，北京应用最多的宿根花卉，花大而美、颜色各异，常丛植、群植于花境，或片植用于道路绿化，亦可种植在行道树下等地供观赏。

4. 芙蓉葵(图 3-2-4)

【科属】锦葵科木槿属

【学名】*Hibiscus moscheutos* L.

【别名】大花秋葵

【主要识别要点】多年生宿根草本。株高 100～200cm。单叶互生，椭圆形、缘具齿。花瓣 5，花色白、粉、紫等。北京花期 6～8 月。

【分布及生态习性】原产美国东部，我国各地均可栽培。性喜光，耐寒，喜温暖的环境。

【园林用途】植株高大、花大而美，常丛植、群植于花境，或片植用于道路绿化。

5. 玉簪(图 3-2-5)

【科属】百合科玉簪属

【学名】*Hosta plantaginea*(Lam.) Aschers.

【别名】玉春棒、白鹤花

【主要识别要点】多年生宿根草本。株高20～70cm。单叶莲座状基生，卵形、全缘或缘波状。花被片 6，花色白或淡紫，部分种类和品种具芳香或重瓣。北京花期 6～8 月不等。

【分布及生态习性】原产我国长江流域，现各地均可栽培。性喜半阴，耐寒，喜温暖、湿润的环境。根据叶色分为黄叶、绿叶、蓝叶、花叶等，其中通常黄叶品种耐阴性偏弱，而蓝叶品种的耐阴性最强。

【园林用途】北京最重要的耐阴宿根观叶植物，部分品种亦可观花，叶色和叶形变化较大，十分美丽，常丛植、群植于花境，

图 3-2-5　玉簪

亦可盆栽观赏。

6. 鸢尾(图 3-2-6)

【科属】鸢尾科鸢尾属

【学名】*Iris tectorum* Maxim.

【别名】蓝蝴蝶

【主要识别要点】多年生宿根或球根草本。株高 30 ~ 100cm。单叶基生，剑形至线形、全缘。花色白、黄、紫、蓝等，部分品种具香气。北京花期 4 ~ 5 月。

【分布及生态习性】原产西班牙、摩洛哥，我国各地均可栽培。喜光，耐半阴，耐寒，喜温暖的环境。

【园林用途】株形多样、花叶兼赏、花大色艳，常丛植、群植于花境，亦可盆栽或切花瓶插观赏。

图 3-2-6　鸢尾

图 3-2-7　芍药

7. 芍药(图 3-2-7)

【科属】芍药科芍药属

【学名】*Paeonia lactiflora* Pall.

【别名】白术

【主要识别要点】多年生宿根草本。株高 60 ~ 120cm。二至三回羽状复叶互生，小叶狭卵形、缘深裂。花色白、黄、粉、紫等。北京花期 5 月。

【分布及生态习性】原产我国北部，全国各地均可栽培。性喜光，耐寒、不耐涝，喜温暖的环境。

【园林用途】中国传统名花，花大色艳，常丛植于花境，亦可盆栽或切花瓶插观赏。

8. 美国紫菀(图 3-2-8)

【科属】菊科卷舌菊属

【学名】*Symphyotrichum novae-angliae*

【别名】青菀

【主要识别要点】多年生宿根草本。株高30～150cm。单叶互生，披针形、全缘或缘具齿。头状花序顶生，花色紫、红、粉、白等。北京花期8～10月。

【分布及生态习性】原产北美，我国北方常见栽培。性喜光，耐寒，喜温暖、湿润、排水良好的环境。

【园林用途】花繁色艳，可与小菊搭配使用，能招蜂引蝶，常丛植、群植于花境，亦可盆栽观赏。

图 3-2-8　美国紫菀

9. 穗花婆婆纳(图 3-2-9)

【科属】玄参科婆婆纳属

【学名】*Veronica spicata* L.

【别名】双肾草

【主要识别要点】多年生宿根草本。株高20～60cm。单叶常对生，长卵圆形、缘具齿。花序顶生，花色蓝、紫、粉、白。北京花期6～7月。

【分布及生态习性】原产北欧及亚洲，我国各地均可再配。性喜光，耐寒，喜温暖的环境。

【园林用途】花序多蓝紫，应用同鼠尾草，常丛植、群植于花境，亦可盆栽观赏。

图 3-2-9　穗花婆婆纳

10. 宿根福禄考(图 3-2-10)

【科属】花荵科福禄考属

【学名】*Phlox paniculata*

【别名】天蓝绣球

【主要识别要点】多年生宿根草本。株

高 10～120cm。单叶对生，长椭圆形、全缘。花色白、粉、红、紫等。宿根福禄考北京花期 7～9 月，针叶福禄考北京花期 4～5 月。

【分布及生态习性】原产北美洲东部，我国各地庭园常见栽培。性喜光，耐寒、耐热，喜温暖的环境。

图 3-2-10　宿根福禄考

11. 花毛茛(图 3-2-11)

【科属】毛茛科花毛茛属

【学名】*Ranunculus asiaticus* L.

【别名】芹菜花

【主要识别要点】株高 20～40cm，块根纺锤形，常数个聚生于根颈部。茎单生，或少数分枝，有毛。基生叶阔卵形，具长柄；茎生叶无柄，羽状细裂，叶缘也有钝锯齿。单花着生枝顶，或自叶腋间抽生出很长的花梗，花冠丰圆，花瓣平展，每轮 8 枚，错落叠层，花径 3～4cm 或更大。花期4～5 月。

图 3-2-11　花毛茛

【分布及生态习性】原产以土耳其为中心的亚洲西南部和欧洲东南部，我国广泛栽培。喜凉爽及半阴环境，忌炎热，既怕湿又怕旱，宜种植于排水良好、肥沃疏松的中性或偏碱性土壤。

12. 荷包牡丹(图 3-2-12)

【科属】罂粟科荷包牡丹属

【学名】*Dicentra spectabilis* (L.) Lem.

【别名】蒲包花

【主要识别要点】直立草本，高 30～60cm 或更高。茎圆柱形，带紫红色。叶片轮廓三角形，二回三出全裂，小裂片通常全缘，表面绿色，背面具白粉，两面叶脉明显。总状花序长约15cm，于花序轴的一侧下垂；苞片钻形或线状长圆形；外花瓣紫红色至粉红色，下部囊状，内花瓣白色。

【分布及生态习性】原产中国北部、日本及西伯利亚，我国各地均可栽培。性耐寒而不耐高温，喜半阴的生境，炎热夏季休眠。不耐干旱，喜湿润、排水良好的肥沃砂壤土。

【园林用途】盆栽和切花的好材料，也适宜于布置花境和在树丛、草地边缘湿润处丛植，景观效果极好。

图 3-2-12　荷包牡丹

13. 假龙头(图 3-2-13)

【科属】唇形科假龙头花属

【学名】*Physostegia virginiana* Benth.

【别名】棉铃花

【主要识别要点】具匍匐茎。株高60～120cm，茎四方形。叶对生，披针形，叶缘有细锯齿。穗状花序聚成圆锥花序状，小花密集，花色较丰富，有淡蓝、紫红、粉红。花期7～9月。

图 3-2-13　假龙头

【分布及生态习性】原产北美洲，我国各地均可栽培。喜光，耐寒，耐热，耐半阴。喜疏松、肥沃、排水良好的砂质壤土。

【园林用途】适合大型盆栽或切花，栽培管理简易，宜布置花境、花坛背景或野趣园中丛植。

14. 八宝景天(图 3-2-14)

【科属】景天科八宝属

【学名】*Hoylotelephium erythrostictum* (Miq.) H. Ohba

【别名】八宝

【主要识别要点】多年生肉质草本植

物。株高30~50cm。地下茎肥厚，地上茎簇生，粗壮而直立。全株略被白粉，呈灰绿色。叶轮生或对生，倒卵形，肉质，具波状齿。伞房花序密集如平头状，花淡粉红色，常见栽培的尚有白色、紫红色、玫红色品种。花期7~10月。

【分布及生态习性】原产我国北方地区，现各地均可栽培。喜强光和干燥、通风良好的环境，亦耐轻度蔽荫，耐寒；耐贫瘠和干旱，要求排水良好，忌雨涝积水。

【园林用途】布置花坛、花境和点缀草坪、岩石园的好材料，或成片栽植作护坡地被植物。

图3-2-14 八宝景天

知识链接

花境花卉

花境花卉是指常以绿篱、树丛、墙体等建筑物为背景，展示植物季相变化，呈带状不规则布置于道路旁、林下等处一面观或两面观的花卉。花境花卉植株高矮错落有致，观赏期此起彼伏，种类繁多、品种多样，主要是多年生宿根植物，因而观赏期通常能持续2~3年或更长。

二、14种花境花卉基本信息汇总(表3-2-1)

表3-2-1 14种花境花卉基本信息汇总

序号	种 名	别 名	学 名	科 属	观赏点	观赏期(北京)
1	蜀葵	熟季花、戎葵	*Alcea rosea*(L.)Cavan.	锦葵科蜀葵属	花	6~8月
2	金鸡菊	金钱菊	*Coreopsis grandiflora* Hogg.	菊科金鸡菊属	花	6~10月
3	萱草	忘忧草、黄花菜	*Hemerocallis fulva*(L.)L.	百合科萱草属	花	6~8月
4	芙蓉葵	大花秋葵	*Hibiscus moscheutos* L.	锦葵科木槿属	花	6~8月
5	玉簪	玉春棒、白鹤花	*Hosta plantaginea* (Lam.) Aschers.	百合科玉簪属	花	6~8月
6	鸢尾	蓝蝴蝶	*Iris tectorum* Maxin.	鸢尾科鸢尾属	花	4~5月

（续）

序号	种名	别名	学名	科属	观赏点	观赏期（北京）
7	芍药	白术	*Paeonia lactiflora* Pall.	芍药科芍药属	花	5月
8	美国紫菀	青菀	*Symphyotrichum novae-angliae*	菊科卷舌菊属	花	8～10月
9	穗花婆婆纳	双肾草	*Veronica spicata* L.	玄参科婆婆纳属	花	6～7月
10	宿根福禄考	天蓝绣球	*Phlox paniculata*	花荵科福禄考属	花	7～9月
11	花毛茛	芹菜花	*Ranunculus asiaticus* L.	毛茛科花毛茛属	花	4～5月
12	荷包牡丹	蒲包花	*Dicentra spectabilis* (L.) Lem.	罂粟科荷包牡丹属	花	4～6月
13	假龙头	棉铃花	*Physostegia virginiana* Benth.	唇形科假龙头花属	花	7～9月
14	八宝景天	八宝	*Hylotelephium erythrostictum*(Miq.) H. Ohba	景天科八宝属	花、叶	7～10月

知识拓展

一、植物开花、传粉与受精

1. 开花

当雌蕊、雄蕊发育成熟时，花即开放。雄蕊成熟时，花药裂开，花粉外露；雌蕊成熟时，柱头分泌糖液及维生素等物质，供应并促进花粉萌发。

2. 传粉

传粉有自花传粉和异花传粉两种形式；后者又分为风媒花和虫媒花。花粉在柱头上萌发形成花粉管，花粉管穿过柱头沿着花柱进入子房，最后到达胚珠内的胚囊。

3. 双受精过程

到达胚囊的花粉管，末端破裂，放出2个精子，一个与卵融合成为合子，一个与极核融合成为受精极核，这一过程叫作双受精。

二、种子和果实的形成

1. 种子的形成

被子植物双受精后，由合子发育成胚，由受精极核发育成胚乳，由珠被发育成种皮，共同组成种子。

2. 果实的形成

在胚珠发育成种子的同时，子房也随着长大，发育为果实。这种果实，称为真果，如桃、杏等。此外，有许多植物的果实，除子房外，还有花托或其他部分参与果实的形成，这种果实称假果，如苹果、梨等。

3. 果实的构造和类型

植物开花受精后，柱头和花柱凋落，子房逐渐膨大，胚珠发育成种子，子房壁发育成果皮。果皮分为三层：外果皮、中果皮和内果皮。

任务三　认知盆栽植物

任务说明

任务内容：为北京某饭店做室内植物的租摆业务，需根据空间功能的需要，为其选择适宜植物，并将选择结果做成汇报方案，可用 PPT 作为方案汇报形式。方案当中需说明盆栽植物使用的具体场所及主要特点。

学习内容：认知 16 种盆栽花卉，掌握根的类型，了解根尖结构、根系的功能，掌握植物营养器官的变态类型等知识。

根据植株观赏部位不同将其分为盆栽绿植和盆栽花卉。盆栽绿植以观叶常绿植物为主，盆栽花卉以多年生观花植物为主。

一、认知常见盆栽绿植

1. 榕树（图 3-3-1）

【科属】桑科榕属

【学名】*Ficus microcarpa* L.

【别名】细叶榕、小叶榕

【主要识别要点】常绿乔木。树冠广卵形，树干主枝下垂气生根。叶薄革质，椭圆形或倒卵状椭圆形，全缘。

【分布及生态习性】原产我国南部地区，北方地区可室内栽培。喜暖热、潮湿环境，不耐寒。喜酸性土壤。萌芽力强，深根性。抗污染，耐烟尘，病虫害少。生长快，寿命长。

【园林用途】多培养成中小型盆景，造型观赏。

图 3-3-1　榕树

图 3-3-2　橡皮树

2. 橡皮树(图 3-3-2)

【科属】桑科榕属

【学名】*Ficus elastica* Roxb.

【别名】印度榕、印度橡胶

【主要识别要点】树干有下垂的气生根，全体无毛，含乳汁。单叶互生，叶大，厚革质，长椭圆形，全缘，深绿色，有光泽；羽状侧脉多而细，平行，叶柄粗短；托叶合生，红色，包被顶芽，脱落后枝上留有环状托叶痕。

【分布及生态习性】原产巴西，我国南方地区可露地栽培，北方地区需室内栽培。喜光，也耐阴；喜高温多湿的环境，不耐寒。喜疏松、肥沃和排水良好的微酸性土壤。

【园林用途】室内盆栽观赏。大中型植株宜布置厅堂、办公室和会议室等处。

3. 发财树(图 3-3-3)

【科属】木棉科瓜栗属

【学名】*Pachira macrocarpa*(Cham, et Schlecht.)Walp.

【别名】马拉巴栗、瓜栗

【主要识别要点】树干直立，枝条轮生，茎基常膨大。掌状复叶，具小叶 5～7 枚。小叶长椭圆形至倒卵状，具有较长的叶柄。

【分布及生态习性】原产拉丁美洲的哥斯达黎加、大洋洲及太平洋中的一些小岛屿，我国南部热带地区亦有分布、北方地区需室内栽培。喜高温和半阴环境，耐阴性强，喜酸性土，喜肥沃、排水良好的砂质壤土，耐寒力差。室内盆栽观赏。

【园林用途】大中型植株宜布置厅

图 3-3-3　发财树

图 3-3-4　棕竹

堂、办公室和会议室等处。

4. 棕竹(图 3-3-4)

【科属】棕榈科棕竹属

【学 名】*Rhapis excelsa* (Thunb.) Henry ex Rehd.

【别名】筋头竹

【主要识别要点】常绿丛生灌木。叶集生枝顶，掌状深裂，裂片条状披针形，有 5 ~ 7 平行脉，先端缺齿不规则。

【分布及生态习性】原产我国南部至西部地区，主要分布于东南亚，我国北方需要室内栽培。耐阴，忌烈日直晒，喜生长在湿润、通风良好的环境中，不耐寒。喜肥沃湿润的酸性砂壤土，不耐旱。

【园林用途】室内盆栽观赏。适宜宾馆、大酒店等室内绿化装饰。

5. 散尾葵(图 3-3-5)

【科属】棕榈科散尾葵属

【学 名】*Chrysalidocarpus lutescens* H. Wendl.

【别名】黄椰子

【主要识别要点】常绿丛生灌木。叶羽状全裂，裂片条状披针形，叶柄、叶轴呈淡黄绿色，上面有槽；叶鞘圆筒形，光滑，抱茎。

【分布及生态习性】原产非洲马达加斯加岛，我国南方地区可露地栽培、北方地区需室内栽培。性喜温暖湿润、半阴且通风良好的环境，不耐寒，较耐阴，畏烈日，适宜生长在疏松、排水良好、富含腐殖质的土壤，室内盆栽观赏。

【园林用途】适宜宾馆、大酒店等室

图 3-3-5　散尾葵

图 3-3-6 鹅掌柴

内绿化装饰。

6. 鹅掌柴(图 3-3-6)

【科属】五加科鹅掌柴属

【学名】*Schefflera octophylla* (Lour.) Harms

【别名】鸭脚木

【主要识别要点】常绿乔木或灌木。掌状复叶互生，小叶 6~9 枚，革质，长卵圆形或长椭圆形，全缘，总叶柄基部膨大并包茎。

【分布及生态习性】原产南洋群岛一带，我国南方地区可露地栽培、北方地区需室内栽培。喜光，喜暖热湿润气候，喜深厚肥沃的酸性土。

【园林用途】室内盆栽观赏。适宜宾馆、大酒店等室内绿化装饰。

7. 绿萝(图 3-3-7)

【科属】天南星科藤芋属

【学名】*Scindapsus aureus*

【别名】黄金葛、黄金藤

【主要识别要点】多年生常绿藤本。茎节处有气生根，能附着性攀缘。叶片心形，全缘，光亮呈嫩绿色，有淡黄色斑块。

【分布及生态习性】原产所罗门群岛，亚洲各热带地区广泛种植，我国北方地区需室内栽培。喜温暖、湿润环境，耐半阴，忌直射光，要求土壤疏松、肥沃、排水良好。

图 3-3-7 绿萝

【园林用途】盆栽攀附于立柱或悬吊，也可水养，装饰室内。

8. 孔雀竹芋(图 3-3-8)

【科属】竹芋科肖竹芋属

【学名】*Calathea makoyana* E. Morr.

【别名】蓝花蕉、五色葛郁金

【主要识别要点】多年生常绿草本。叶卵状椭圆形，叶薄，革质，叶柄紫红色；绿色叶面上隐约呈现金属光泽，且明亮艳丽，沿中脉两侧分布着羽状、暗绿色、长椭圆形的绒状斑块，左右交互排列；叶背紫红色。

【分布及生态习性】原产热带美洲及印度洋的岛屿中，我国北方地区需室内栽培。性喜半阴，不耐直射阳光，适于在温暖、湿润的环境中生长。

【园林用途】对土壤要求不甚严，但要求保持适度湿润。中、小型盆栽观赏，主要装饰布置书房、卧室、客厅等。

图 3-3-8　孔雀竹芋

二、认知常见盆栽花卉

9. 安祖花(图 3-3-9)

【科属】天南星科花烛属

图 3-3-9　安祖花

【学名】*Anthurium andraeanum*

【别名】灯台花、蜡烛花

【主要识别要点】多年生草本。肉质根，茎短缩、直立，节上生气生根。叶聚生茎顶，具长柄，长椭圆形或心形，叶色鲜绿，革质。肉穗状花序圆柱状，黄色，花两性；佛焰苞广心形，肥厚，平展，鲜红色；在条件适宜下可全年开花。

【分布及生态习性】原产哥斯达黎加、哥伦比亚等热带雨林区，我国北方地区需室内栽培。性喜温暖、湿润气候，不耐寒，喜阳光充足，避免阳光直射，要求富含腐殖质、排水与通气性均好的土壤。

图 3-3-10 马蹄莲

【园林用途】盆栽用于室内布置，更是高档的切花。

10. 马蹄莲(图 3-3-10)

【科属】天南星科马蹄莲属

【学 名】*Zantedeschia aethiopica* (L.) Spreng.

【别名】慈姑花、水芋

【主要识别要点】多年生草本。地下具肉质块茎。叶基生，叶柄下部呈鞘状抱茎，叶片箭形或戟形，全缘，绿色有光泽。花梗粗状，高出叶丛，肉穗花序圆柱状，黄色，藏于佛焰苞内，佛焰苞白色，形大。

【分布及生态习性】原产非洲东北部及南部，我国北方地区需室内栽培。喜温暖、阳光，也能耐阴，喜肥，喜土壤湿润和空气湿度大。

【园林用途】盆栽用于室内布置，更是高档的切花。

11. 仙客来(图 3-3-11)

【科属】报春花科仙客来属

【学名】*Cyclamen persicum* Mill.

【别名】兔耳花

【主要识别要点】多年生草本。扁圆形肉质块茎。叶着生在块茎顶端的中心部，心状卵圆形，叶缘具牙状齿，叶表面深绿色，多数有灰白色或浅绿色斑块，背面紫红色；叶柄红褐色，肉质，细长。花单生，由块茎顶端抽出，花瓣 5 枚，基部连成短筒，蕾期先端下垂，开花时向上翻卷扭曲，状如兔耳，花色丰富。

图 3-3-11 仙客来

【分布及生态习性】原产希腊、叙利亚、黎巴嫩等地，我国北方地区需室内栽培。喜温暖、阳光充足和湿润的环境，不耐寒，也不耐高温，要求排水良好、富含腐殖质的砂质土壤。

【园林用途】盆栽用于室内布置。

12. 君子兰(图 3-3-12)

【科属】石蒜科君子兰属

【学名】*Clivia miniata* Regel.

【别名】剑叶石蒜

【主要识别要点】多年生常绿草本。地下肉质根圆柱形，粗壮。基生叶，两侧对生，排列整齐，革质，全缘，宽带形，叶尖钝圆，深绿色有光泽。花茎从叶丛中抽出，直立，有粗壮之花梗，伞形花序，花蕾外有膜质苞片，每苞中有花数朵至数十朵，小花具花梗，呈漏斗状，花色有橙黄、橙红等色。

图 3-3-12　君子兰

【分布及生态习性】原产非洲南部亚热带山地森林中，我国北方地区需室内栽培。喜温暖、湿润的环境，不耐寒，喜半阴，耐干旱，要求土壤深厚肥沃、疏松、微酸性和排水良好。

【园林用途】盆栽用于室内布置。

13. 杜鹃花(图 3-3-13)

【科属】杜鹃花科杜鹃花属

【学名】*Rhododendron simsii* Planch.

图 3-3-13　杜鹃花

【别名】映山红、山踯躅

【主要识别要点】落叶或半长绿灌木。枝叶、花萼及花梗均密被黄褐色毛，分枝多，枝细而直。单叶互生，卵状椭圆形或椭圆状披针形；纸质、全缘。花合瓣，2～6 朵簇生枝端；粉红色、鲜红色及深红色。

【分布及生态习性】原产亚洲，我国各地均可栽培。喜半阴，喜凉爽湿润气候，不耐寒。

【园林用途】喜土壤疏松、排水良好的土壤，耐瘠薄干燥。盆栽用于室内布置。

14. 蝴蝶兰(图 3-3-14)

【科属】兰科蝴蝶兰属

【学名】*Phalaenopsis amabilis* Rchb. F.

【别名】蝶兰

【主要识别要点】多年生草本。茎短，气生根粗壮。叶丛生，卵状椭圆形或卵状披针形，顶端浑圆，全缘，质地厚。花茎较长，有时会出现分枝，呈拱形；花朵呈蝴蝶状，颜色丰富。

图 3-3-14　蝴蝶兰

【分布及生态习性】原产马来西亚热带地区，我国北方地区需室内栽培。喜高温、高湿，不耐寒，基质宜排水良好。

【园林用途】盆栽用于室内布置，更是高档的切花。

15. 大花蕙兰(图 3-3-15)

【科属】兰科兰属

【学名】*Cymbidium hybridum*

图 3-3-15　大花蕙兰

【别名】喜姆比兰

【主要识别要点】常绿多年生附生草本，假鳞茎粗壮。叶片 2 列，长披针形。根系发达，根肉质，粗壮肥大。花序较长，小花数一般大于 10 朵；花被片 6，外轮 3 枚为萼片，花瓣状，内轮为花瓣，下方的花瓣特化为唇瓣，花色丰富。

【分布及生态习性】原产我国西南地区，我国北方地区需室内栽培。喜冬季温暖和夏季凉爽气候，喜高湿强光。

【园林用途】盆栽用于室内布置，更是高档的切花。

16. 果子蔓凤梨(图 3-3-16)

【科属】凤梨科果子蔓属

【学名】*Guzmania lingulata*

【别名】擎天凤梨、西洋凤梨

【主要识别要点】多年生草本，宿根花卉。叶长带状，基部较宽，浅绿色，背面微红，薄而光亮，外弯，呈稍松散的莲座状排列。花茎、苞片及近花茎基部的数枚叶片均为深红色，观赏期可达3个月左右；穗状花序高出叶丛、花茎、苞片和基部。

图 3-3-16 果子蔓凤梨

【分布及生态习性】原产南美圭亚那，我国北方地区需室内栽培。喜高温高湿和阳光充足环境。不耐寒，怕干旱，耐半阴。需肥沃、疏松和排水良好且富含腐殖质的微酸性壤土。

【园林用途】盆栽用于室内布置。

知识链接

一、盆栽植物

广义地讲，盆栽植物就是容器中栽培的植物，容器可以选择花盆、木箱等，也可以是其他的容器。而狭义地讲，盆栽植物则是指在花盆中生长的植物。一般是原产亚热带及温带地区的植物，在当地气候条件不适合某种植物生长的情况下，需人为创造适宜其生长发育的土壤、温度、光照、湿度、水分等条件的花木。这类植物采取盆钵栽植，在冬季将其移入日光温室、地窖等处保护越冬，夏秋季节可露地培育、栽植。

盆栽植物有美化室内环境、调节室内空气湿度、过滤更新室内空气、减少电磁辐射、吸附灰尘等作用。由于北京地区四季分明，冬季较寒冷、空气干燥，为改善室内环境，引入了很多以观叶为主的盆栽。

二、根与根系

1. 根与根系类型

(1)根的类型

根由于发生的部位不同，而分为主根、侧根和不定根。当种子萌发时，胚根或下胚轴穿破种皮伸长形成第一条根，称为主根。随着主根的生长、伸长、变粗，并从中生出的其他根，称为侧根。而从茎、叶等其他器官上形成的根，如绿萝、常春藤、榕树等茎干上的根，统称为不定根。根通常生长在土壤中，但鸟巢蕨、鹿角蕨、蝴蝶兰、石斛兰等附生植物的根则生长在树干或岩石上，称为气生根。此外，如大丽花、观赏番薯的块状储藏根，牡丹、芍药、玉兰的肉质根，水杉树干基部的板状根等，称为变态根。

(2)根系的类型

一株植物根的总和称为根系，通常分为2种类型：主根一直保持较旺盛的生长，形成侧根，二者均能伸长、变粗的根系，称为直根系，如油松、槐树、丁香等绝大多数园林树木(主要为裸子植物和双子叶木本植物)，还有羽扇豆、翠雀花、虞美人等草本花卉；主根生长不旺盛或生长很快停止，与侧根在长势、形态大小等方面没有明显区别的根系，称为须根系，如四季秋海棠、非洲凤仙花、观赏草等许多草本花卉，还有苏铁、竹类、散尾葵、龙血树等园林树木(主要为单子叶木本植物)(图3-3-17)。根据根系在土壤中深入和扩展的情况，分为深根系和浅根系。

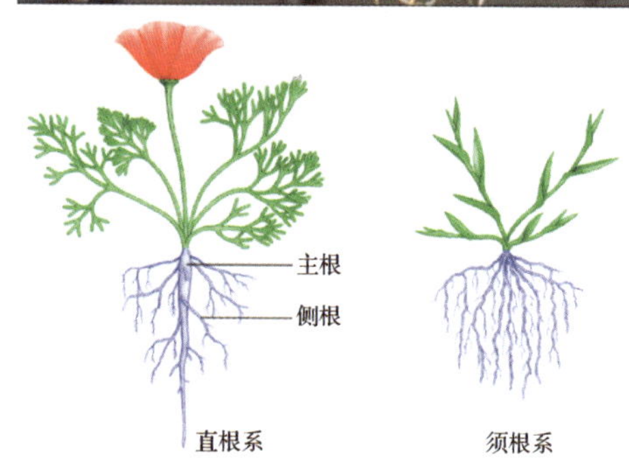

图3-3-17 根和根系类型

2. 根的生长与功能

(1)根的生长

根的生长分为初生生长和次生生长(又称增粗生长)。在初生生长过程中形成的各种成熟组织称为初生结构，从外到内依次为表皮、皮层、维管柱；在次生生长过程中形成的维管组织和保护组织称为次生结构，从外到内依次为周皮、成束的初生韧皮部、次生韧皮部、形成层、次生木质部。

(2)根的功能

良好的根系对植物的生长、发育、园林景观等均起着重要的作用。

固着作用：让植物在地面、岩石、树干上在经受风吹雨打后仍屹立不倒。

吸收、运输作用：植物所需的水分、养分基本靠根系运输到地上部分，而根生长发育所需的有机物又通过地上部分合成后运输到根的各个部位。

储藏作用：为了适应恶劣的外界环境，植物将生长期合成的多余养分储藏在膨大的变态根中，以度过不利时期，如许多球根类花卉；此外，一些植物的根还具有繁殖功能、合成有机物的功能等。

三、16 种盆栽植物基本信息汇总(表 3-3-1)

表 3-3-1　16 种盆栽植物基本信息汇总

序号	种　名	别　名	学　名	科　属	观赏点	观赏期（北京）
1	榕树	细叶榕、小叶榕	*Ficus microcarpa* L.	桑科榕属	叶	室内全年
2	橡皮树	印度榕、印度橡胶	*Ficus elastica* Roxb.	桑科榕属	叶	室内全年
3	发财树	马拉巴栗、瓜栗	*Pachira macrocarpa* (Cham. et Schleeht.) Walp.	木棉科瓜栗属	叶	室内全年
4	棕竹	筋头竹	*Rhapis excelsa*(Thunb.) Henry ex Rehd.	棕榈科棕竹属	叶	室内全年
5	散尾葵	黄椰子	*Chrysalidocarpus lutescens* H. Wendl.	棕榈科散尾葵属	叶	室内全年
6	鹅掌柴	鸭脚木	*Schefflera octophylla* (Lour.) Harms	五加科鹅掌柴属	叶	室内全年
7	绿萝	黄金葛、黄金藤	*Scindapsus aureus*	天南星科藤芋属	叶	室内全年
8	孔雀竹芋	蓝花蕉、五色葛郁金	*Calathea makoyana* E. Morr.	竹芋科肖竹芋属	叶	室内全年
9	安祖花	灯台花、蜡烛花	*Anthurium andraeanum*	天南星科花烛属	花	室内全年
10	马蹄莲	慈姑花、水芋	*Zantedeschia aethiopica* (L.) Spreng.	天南星科马蹄莲属	花	室内全年
11	仙客来	兔耳花	*Cyclamen persicum* Mill.	报春花科仙客来属	花	室内全年
12	君子兰	剑叶石蒜	*Clivia miniata* Regel.	石蒜科君子兰属	花、叶	室内全年
13	杜鹃花	映山红、山踯躅	*Rhododendron simsii* Planch.	杜鹃花科杜鹃花属	花	室内全年
14	蝴蝶兰	蝶兰	*Phalaenopsis amabilis* Rchb. F.	兰科蝴蝶兰属	花	室内全年

（续）

序号	种　名	别　名	学　名	科　属	观赏点	观赏期（北京）
15	大花蕙兰	喜姆比兰	*Cymbidium hybridum*	兰科兰属	花	室内全年
16	果子蔓凤梨	擎天凤梨、西洋凤梨	*Guzmania lingulata*	凤梨科果子蔓属	花、叶	室内全年

知识拓展

植物在长期的进化过程中，由于适应环境条件的改变，其营养器官的形态结构及生理功能逐步发生了变化，称为变态。

一、根的变态

由于功能改变引起的形态和结构都发生变化的根，即为变态根。根变态是一种可以稳定遗传的变异。主根、侧根和不定根都可以发生变态。常见根的变态有以下类型（图3-3-18）：

1. 贮藏根

由主根、侧根或不定根形成的贮藏有大量养料的肉质直根或块根。如肉质直根萝卜、块根甘薯等。

2. 支柱根

植物茎节或侧枝上产生许多不定根，向下伸入土壤中，形成起支持作用的变态根。如高粱、玉米近地茎节上的不定根以及榕树侧枝的下垂不定根等。

3. 气生根

茎上产生，悬垂在空气中的不定根。气生根的顶端无根冠和根毛，但有根被，如常春藤、吊兰、石斛等。根被是气生根的根尖表面特化的吸水组织，气生根是植物对高温、高湿的一种适应。

4. 攀缘根

有些藤本植物茎上有很多不定根，起到固着作用，使植物沿岩石、墙壁向上生长，这种不定根称为攀缘根。如凌霄、地锦等。

5. 寄生根

有些寄生植物，缠绕在寄主植物上，根侧发育成吸器，伸入到寄主体内吸收水分和养料供自身生长的需要，这样的根称为寄生根。如菟丝子、桑寄生、槲寄生等。

(a) (b) (c) (d) (e)

图 3-3-18 根的变态类型

(a)贮藏根 (b)支柱根 (c)气生根 (d)攀缘根 (e)寄生根

二、茎的变态

根据变态茎的生长位置及形态，主要有以下类型：

(一)地上茎的变态

多是茎的分枝的变态。常见有以下几种(图 3-3-19)：

1. 茎卷须

由茎变化成为可攀缘的卷须，多见于藤本植物。如葡萄、黄瓜等。

2. 茎刺

在茎节上的枝条发育变化成刺状，称为茎刺。茎刺由枝条上的顶芽或腋芽位置生出，质地坚硬，呈木质，不易折断和剥落。如皂荚、山楂、石榴、枸橘等。

3. 叶状茎

茎呈叶状，绿色，代替叶片进行光合作用等。叶状茎是植物长期适应干旱环境所产生的变异。如仙人掌、蟹爪兰、竹节蓼、天门冬等。

(a) (b) (c)

图 3-3-19 地上茎的变态类型

(a)茎卷须 (b)茎刺 (c)叶状茎

(二)地下茎的变态

生长在地下的变态茎，具有贮藏和繁殖功能。常见变态茎有以下几种(图 3-3-20)：

1. 根状茎

生长于地下，形状与根相似的地下茎。它有明显的节和节间，节部有退化的叶，叶腋内有腋芽可发育为地上枝。如竹、莲的根状茎等。

2. 块茎

由茎的侧枝变态成的短粗的肉质地下茎，呈球形、椭圆形或不规则的块状。块状表面有许多芽眼，可萌发成新枝，如马铃薯等。

3. 球茎

膨大成球形的地下茎，有明显的节和节间，有较大的顶芽。如荸荠、慈姑的变态茎都是球茎。

4. 鳞茎

节间极度缩短的地下变态茎，呈盘状，其上着生肥厚的肉质鳞叶，顶端有一个顶芽。如水仙、百合等。

(a)

(b)

(c)

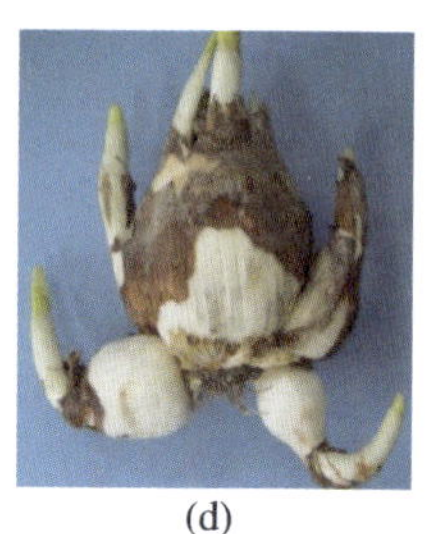
(d)

图 3-3-20 地下茎的变态类型

(a)根状茎 (b)块茎 (c)球茎 (d)鳞茎

三、叶的变态

当正常的叶发生变态，其形状和功能发生改变，就形成变态叶。常见变态叶有以下几种(图 3-3-21)：

1. 芽鳞

包在芽的外面、鳞片状的变态叶称为芽鳞。树木的冬态多具有芽鳞，主要起保护幼芽越冬的作用。

2. 叶刺

叶的全部或部分变成刺状称叶刺。叶刺均着生于叶的位置上。如仙人掌类植物肉质茎上的叶变为刺状，以减少水分的散失，适应在干旱环境中生活；小檗、刺槐的托叶变成坚硬的刺，起着保护作用。

3. 苞片

着生于花或花序基部的变态叶，具有保护花和果实的作用。如火鹤花序外面的苞片、菊科花序的苞片。苞片的形状、大小和色泽，因植物种类不同而异，是鉴别植物种属的依据之一。

4. 叶卷须

由叶或叶的一部分变成的卷须。如豌豆的卷须由羽状复叶先端的一些小叶片变态而成，攀缘在其他物体上，补偿了茎秆细弱，支持力不足的弱点。

5. 捕虫叶

由叶变态为捕食小虫的器官。此类叶主要呈现盘状、瓶状或囊状，它们既有叶绿素、能行光合作用；又能分泌消化液来消化分解动物性食物。如茅膏菜和猪笼草等。

6. 鳞叶

具有贮藏功能的变态叶。例如百合、水仙、洋葱的鳞叶肉质肥厚，贮藏大量营养物质，是食用的部分。

(a) (b) (c)

(d) (e) (f)

图 3-3-21　叶的变态类型

(a)芽鳞　(b)叶刺　(c)苞片　(d)叶卷须　(e)捕虫叶　(f)鳞叶

单元小结

本单元任务一、任务二以认知各类草本花卉为主，以上所讲植物均为北京地区常见常用种类。草本园林花卉的茎不具木质或仅基部木质化，它们在园林绿化、美化中多用于布置花坛、花境。任务三以北京地区室内常用植物为主，此类植物多原产热带、亚热带地区，因盆栽观赏性佳，在北京地区多用于室内布置。

需掌握各类植物的中文名称、科属、形态特征、习性及应用。

动脑动手

1. 选择一个节日，为你所在学校的校园广场设计一个小花坛，将使用花卉品种名称、颜色标注在设计图上，并附简要文字说明(适用的月份或节日，花卉颜色、高低搭配等意图)。

2. 为自己家的客厅或书房选择 3 ~ 5 种盆栽植物，简要说明选择的意图。

练习与思考

1. “五一”期间可用于布置花坛的花卉有哪几种?
2. “十一”期间可用于布置花坛的花卉有哪几种?
3. 适宜作花境的花卉有哪些?
4. 在厅室内适宜摆放哪些盆栽?
5. 种子的基本结构有哪几部分?
6. 简述种子萌发及幼苗的形成过程。
7. 植物根的类型与功能有哪些?
8. 植物营养器官变态类型有哪些?

单元四
认知水生与地被植物

单元介绍

中式园林寄情于山水，水生植物是必不可少的绿化材料。自2000年以来，国家制定并出台了一系列恢复、保护湿地的政策，城市中亲近自然、回归自然的水景设计也得到人们的喜爱和推崇。这些都是导致水生植物销售火爆的原因。

在园林绿化中，避免黄土露天的现象需要地被植物的作用。常用的地被植物可分为两大类，一类是具有匍匐茎的植物，一类是草坪植物。随着设计思想的发散，更多的植物进入了地被植物的应用范畴。

大力推崇绿化不仅仅是因为园林植物的形美、色美，更因为其对环境的巨大作用。因此，我们有必要了解和学习园林植物在环境中承负的作用。

本单元分为2个任务。任务一　认知水生植物；任务二　认知地被植物。

单元目标

1. 理解水生植物的概念，熟悉水生植物的分类。
2. 理解地被植物的概念，熟悉地被植物的范畴。
3. 能够准确识别常见的水生植物和地被植物。

任务一　认知水生植物

水生植物，顾名思义是指生长在水中，或对水分的要求和依赖比较强的植物。北京地区湿地众多，如城市中的颐和园、圆明园、北海公园、奥林匹克森林公园等水生植物资源丰富、类型多样。一般来说，水生植物生长迅速，栽培粗放，管理容易，功能性强，在园林绿化方面尤其是在湿地公园绿化中用途广泛。

任务说明

任务内容：请以北京植物园水面为例，拍摄水生植物照片，并以 PPT 形式展示介绍所选水生植物形态、生物学特性、观赏时期及美化效果等，熟悉水生植物的分类。

学习内容：通过认知 10 种水生植物，完成任务。

一、认知常见水生植物

1. 荷花（图 4-1-1）

【科属】睡莲科莲属

【学名】*Nelumbo nucifera*

【别名】莲花、水芙蓉

图 4-1-1　荷花

【形态特征】多年水生植物。根茎肥大多节，横生于水底泥中。叶盾状圆形，表面深绿色，被蜡质白粉覆盖，背面灰绿色，全缘并呈波状。叶柄圆柱形，密生倒刺。花单生于花梗顶端、高托水面之上，有单瓣、复瓣、重瓣及重台等花型；花色有白、粉、深红、淡紫、黄或间色等变化；雄蕊多数；雌蕊离生，埋藏于倒圆锥状海绵质花托内，花托表面具多数散生蜂窝状孔洞，受精后逐渐膨大称为莲蓬，每一孔洞内生一小坚果（莲子）。花期 6～9 月，每日晨开暮闭；果熟期 9～10 月。荷花栽培品种很多，依用途不同可分为藕莲、籽莲和花莲三大系统。

【生态习性】喜光、喜温，不耐阴。栽植季节的气温至少需 15℃以上，最适气温为 20 ~ 30℃，冬季气温降至 0℃以下，盆栽种藕易受冻。在强光下生长发育快，开花早，但凋萎也早。对土壤要求不严，以富含有机质的肥沃黏土为宜。适宜的 pH 为 6.5。

【园林用途】花大色艳，清香四溢，清波翠盖，赏心悦目。为欣赏荷花品种的风采，在池塘中依水域外貌建成若干大小不等、形状各异的种植槽，分别种植不同品种，争荣竞秀。荷花又宜缸植、盆栽，可用于布置庭院和阳台。

2. 睡莲(图 4-1-2)

【科属】睡莲科睡莲属

【学名】*Nymphaea alba*

【别名】子午莲、水芹花

【形态特征】浮水植物。根状茎，粗短。叶丛生，具细长叶柄，浮于水面，纸质或近革质，近圆形或卵状椭圆形，直径 6 ~ 11cm，全缘，无毛，上面浓绿，幼叶有褐色斑纹，下面暗紫色。花单生于细长的花柄顶端，多白色，漂浮于水，直径 3 ~ 6cm；雄蕊多数，雌蕊的柱头具 6 ~ 8 个辐射状裂片；萼片 4 枚，宿存，宽披针形或窄卵形。浆果球形，内含多数椭圆形黑色小型果；种子黑色。花期 5 月中旬至 9 月，果期 7 ~ 10 月。

图 4-1-2　睡莲

【生态习性】喜强光、通风良好环境，所以睡莲在晚上花朵会闭合，到早上又会张开。在岸边有树荫的池塘，虽能开花，但生长较弱。对土质要求不严，pH 值 6 ~ 8，均生长正常，但喜富含有机质的壤土。生长季节池水深度以不超过 80cm 为宜。

【园林用途】花期长，叶形美，常用于点缀水面。盆栽亦可布置庭院。

3. 香蒲(图 4-1-3)

【科属】香蒲科香蒲属

【学名】*Typha orientalis* Presl

【别名】猫尾草、水蜡烛

【形态特征】多年生挺水植物。根状茎乳白色，地上茎粗壮。叶片条形，光滑无毛，上部扁平，下部腹面微凹，背面逐渐隆起呈凸形，横切面呈半圆形；叶鞘抱茎。雌雄花序紧密连接；雄花序花序轴具白色弯曲柔毛，自基部向上具1～3枚叶状苞片，花后脱落；雌花序基部具1枚叶状苞片，花后脱落；雄花通常由3枚雄蕊组成，有时2枚，或4枚雄蕊合生；雌花无小苞片。小坚果椭圆形至长椭圆形；果皮具长形褐色斑点。种子褐色，微弯。花果期5～8月。

【生态习性】喜温暖、光照充足的环境，生于池塘、河滩、渠旁、潮湿多水处。

【园林用途】植株修长而婆娑，花序奇异成趣，是观叶、观花序俱佳的水生植物，且适应性强，养护十分简单粗放，可布置于河岸或浅水中。

图4-1-3　香蒲

4. 水葱(图4-1-4)

【科属】莎草科藨草属

【学名】*Scirpus tabernaemontani*

【别名】葱蒲、莞草

【形态特征】挺水植物。匍匐根状茎粗壮，具许多须根。秆高大，圆柱状，基部具3～4个叶鞘，膜质。叶片线形。苞片1枚，直立，钻状，常短于花序，极少数稍长于花序；长侧枝聚伞花序；雄蕊3。小坚果倒卵形或椭圆形，双凸状，少有三棱形。花果期6～9月。

图4-1-4　水葱

【生态习性】性强健，喜水湿、凉爽及空气流通的环境，在肥沃土壤中生长繁茂，耐寒，又耐瘠薄和盐碱，常生于湿地、沼泽地或浅水中。

【园林用途】华北习见的水生观赏花卉，其株丛挺立，色彩淡雅，与其他水生花卉配合，点缀于池岸边，具有田园气息。也可盆栽观赏，还可供切花使用。

5. 千屈菜(图 4-1-5)

图 4-1-5　千屈菜

【科属】千屈菜科千屈菜属

【学名】*Lythrum salicaria*

【别名】对叶莲、水柳

【形态特征】挺水植物。茎直立，多分枝，有四棱。叶对生或 3 片轮生，狭披针形，有时稍抱茎。总状花序顶生；花两性，数朵簇生于叶状苞片腋内；花萼筒状，外具 12 条纵棱，裂片 6，三角形，长于花萼裂片；花瓣 6，紫红色，长椭圆形，基部楔形；雄蕊 12，6 长 6 短。蒴果椭圆形，全包于萼内，成熟时 2 瓣裂；种子多数，细小。花期 7 ~ 8 月。

【生态习性】耐寒，喜光，喜湿，尤宜浅水泽地种植，亦可露地旱栽，但要求土壤潮湿。

【园林用途】可片植，也可丛植，宜布置于池沼一隅或低洼地。还可作花境背景布置，也可盆栽陈设于通风向阳的庭院。还是较好的蜜源植物。

6. 芦苇(图 4-1-6)

【科属】禾本科芦苇属

【学名】*Phragmites australis* (Cav.) Trin. ex Steud

【别名】芦、苇

图 4-1-6　芦苇

【形态特征】挺水植物。植株高大，地下有发达的匍匐根状茎。茎秆直立，节下常生白粉。叶鞘圆筒形，无毛或有细毛。叶片长线形或长披针形，排列成 2 行。圆锥花序分枝稠密，向斜伸展，雌雄同株，花序最下方的小穗为雄。花期 8 ~ 12 月。

【生态习性】适应各类土壤。耐盐碱，又耐酸，且抗涝。

【园林用途】花序雄伟美观，用作湖边、河岸低湿处的背景材料。有固堤、护坡、控制杂草之作用。

7. 慈姑(图 4-1-7)

图 4-1-7　慈姑

【科属】泽泻科慈姑属

【学名】*Sagittaria sagittifolia*

【别名】茨菇、燕尾草

【形态特征】挺水植物。地下具根茎，先端形成球茎，球茎表面附薄膜质鳞片，端部有较长的顶芽。叶片着生基部，出水成剑形，叶片箭头状，全缘，叶柄较长，中空；沉水叶多呈线状。花茎直立，多单生，上部着生轮生状圆锥花序，小花单性同株或杂性株，白色，不易结实。花期 7 ~9 月。

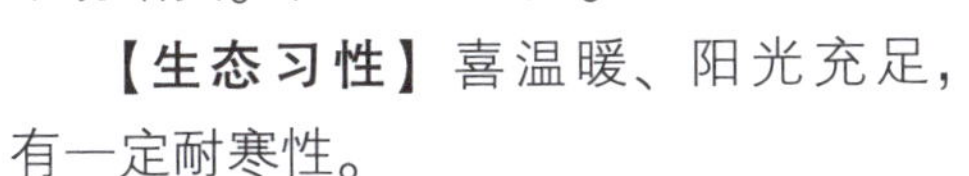

【生态习性】喜温暖、阳光充足，有一定耐寒性。

【园林用途】叶形奇特，适应性强，有较高的观赏性。

8. 凤眼莲(图 4-1-8)

【科属】雨久花科凤眼莲属

【学名】*Eichhornia crassipes*

【别名】水葫芦、布袋莲

【形态特征】浮水植物。根生于节上，根系发达，靠毛根吸收养分，根茎分蘖下一代。叶单生，直立，叶片卵形至肾圆形，顶端微凹，光滑；叶柄处有泡囊承担叶花的重量，悬浮于水面生长。秆(茎)灰色，泡囊稍带红色，嫩根白色，老根偏黑色。穗状花序，花为浅蓝色，呈多棱喇叭状，上方的花瓣较大；花瓣中心生有一明显的鲜黄色斑点，形如凤眼，也像孔雀羽翎尾端的花点，非常耀眼、靓丽。蒴果卵形，有种子多数。花期8 ~9 月。

图 4-1-8　凤眼莲

【生态习性】喜生于温暖向阳的富含有机质的静水中，耐寒力较差，遇霜后叶片枯萎。

【园林用途】叶色光亮，花色艳丽，叶柄奇特，是园林中装饰湖面、河、沟的良好水生花卉，更具净化水面的功能。是很好的饲料和绿肥。

9. 王莲(图 4-1-9)

【科属】睡莲科王莲属

【学名】*Victoria regia* L.

【别名】水玉米

【形态特征】浮水植物。水生有花植物中叶片最大的植物，其初生叶呈针状，长到 2～3 片叶呈矛状，至 4～5 片叶时呈戟形，长出 6～10 片叶时呈椭圆形至圆形，到 11 片叶后叶缘上翘呈盘状，叶缘直立，叶片圆形，像圆盘浮在水面，直径可达 2m 以上，叶面光滑，绿色略带微红，有皱褶，背面紫红色，叶柄绿色，叶子背面和叶柄有许多坚硬的刺，叶脉为放射网状。每叶片可承重数十公斤。花期 7～9 月。

图 4-1-9　王莲

【生态习性】为典型的热带植物，喜高温高湿，耐寒力极差。喜肥沃深厚的污泥，但不喜过深的水，栽培水池内的污泥，需深 50cm 以上，水深以不超出 1m 较为适宜。种植时施足厩肥或饼肥，发叶开花期，施追肥 1～2 次，入秋后即应停止施肥。喜光，栽培水面应有充足阳光。人工栽培的关键技术是越冬防寒。

【园林用途】以巨大厅物的盘叶和美丽浓香的花朵而著称。观叶期 150 天，观花期 90 天，若将王莲与荷花、睡莲等水生植物搭配布置，将形成一个完美、独特的水体景观，让人难以忘怀。

10. 泽泻(图 4-1-10)

【科属】泽泻科泽泻属

【学名】*Alisma orientale*

【别名】水泻、芒芋

【形态特征】地下有球形块茎，外皮褐色，密生多数须根。叶根生，基部扩延成中鞘状，叶片宽椭圆形至卵形，先端急尖或短尖，全缘，两面光滑。花茎由叶丛中抽出，花序通常有 3～5 轮分枝，分枝下有披针形或线形苞片，组成圆锥状复伞形花序，小花梗长短不等；小苞片披针形至线形，尖锐；萼片 3，广卵形，绿色或稍带紫色，宿存；花瓣倒卵形，膜质，较萼片小，白色，脱落；雄蕊

6；雌蕊多数，离生。瘦果多数，扁平，倒卵形，背部有两浅沟，褐色，花柱宿存。花期6~8月，果期7~9月。

【生态习性】喜生于温暖向阳的富含有机质的静水中，耐寒力较差，遇霜后叶片枯萎。

【园林用途】叶色光亮、花色艳丽，叶柄奇特，是园林中装饰湖面、河、沟的良好水生花卉，更具净化水面的功能。是很好的饲料和绿肥。

图4-1-10 泽泻

知识链接

水生植物根据其生活方式，可大致分为以下类型：挺水植物、浮水植物、漂浮植物、沉水植物。

1. 挺水植物

一般植株高大，花色艳丽，绝大多数有茎、叶之分；直立挺拔，下部或基部沉于水中，根或地茎扎入泥中生长，上部植株挺出水面。

2. 浮水植物

一般根状茎发达，花大，色艳，无明显的地上茎或茎细弱不能直立，叶片漂浮于水面上。

3. 漂浮植物

根不生于泥中，株体漂浮于水面上，随水流、风浪四处漂泊，多数以观叶为主，为池水提供装饰和绿荫。又因为它们既能吸收水里的矿物质，同时又能遮蔽摄入水中的阳光，能够抑制水体中藻类的生长。

4. 沉水植物

根茎生于泥中，整个植株沉入水中，具有发达的通气组织，利于进行气体交换，在水下弱光条件下也能生活。

水生植物长期生活于水中，形成了一套适应水生环境的本领。一方面其根系慢慢退化，以固着作用为主；另一方面具有很发达的通气组织。莲藕是最典型的例子，它的叶柄和藕中有很多孔眼，这就是通气道。孔眼与孔眼相连，彼此贯穿形成为一个输送气体的通道网。这样，即使生长在不含氧气或氧气缺乏的污泥中，仍可以生存下来。通气组织还可以增加浮力，维持身体平衡，这对水生植物也非常有利。

二、10种水生植物基本信息汇总(表4-1-1)

表4-1-1　10种水生植物基本信息汇总

序号	种名	别　名	学　名	科　属	观赏点	观赏期（北京）
1	荷花	莲花、水芙蓉	*Nelumbo nucifera*	睡莲科莲属	花、叶	6～9月
2	睡莲	子午莲、水芹花	*Nymphaea alba*	睡莲科睡莲属	花、叶	6～9月
3	香蒲	猫尾草、水蜡烛	*Typha orientalis* Presl	香蒲科香蒲属	叶、果	5～8月
4	水葱	葱蒲、莞草	*Scirpus tabernaemontani*	莎草科藨草属	形、叶	6～9月
5	千屈菜	对叶莲、水柳	*Lythrum salicaria*	千屈菜科千屈菜属	形、花	7～8月
6	芦苇	芦、苇	*Phragmites australis* (Cav.) Trin. ex Steud	禾本科芦苇属	形、花	8～12月
7	慈姑	茨菇、燕尾草	*Sagittaria sagittifolia*	泽泻科慈姑属	叶、花	7～9月
8	凤眼莲	水葫芦、布袋莲	*Eichhornia crassipes*	雨久花科凤眼莲属	叶、花	8～9月
9	王莲	水玉米	*Victoria regia* L.	睡莲科王莲属	叶、花	7～9月
10	泽泻	水泻、芒芋	*Alisma orientale*	泽泻科泽泻属	叶、花	6～8月

知识拓展

水生植物功能

1. 保存生物多样性

水生植物资源品种多样，类型纷繁，层次丰富，形态复杂。水生植物群落为亲水的水鸟、昆虫和其他野生动物提供食物来源和栖居场所。正是由于水生动植物以及非生物物质的相互作用和循环往复，才使得水体成为具有生命活力的水生生态环境，从而保存了水生环境中的生物多样性。保存生物多样性这个功能，是其他功能得以发挥的基础。

2. 净化水质

水生植物进行光合作用时，能吸收环境中的二氧化碳，放出氧气，在固碳释氧的同时，水生植物还会吸收水体中许多有害元素，从而消除污染，净化水质，改善水体质量，恢复水体生态功能。如凤眼莲对氮、磷、钾元素及重金属离子均有吸收作用；而芦苇除具有净化水中的悬浮物、氯化物、有机氮、硫酸盐的能力外，还能吸收其中的汞和铅等。

3. 美化水景

水生植物以其洒脱的姿态、优美的线条和绚丽的色彩，点缀着形形色色的水面和岸边，并容易形成水中美丽的倒影，具有很强的造景功能。水生植物历来是构建水景的重要素材之一，各种水体的美化都离不开水生植物的功用。像颐和园、圆明园、北海公园、海淀公园、奥林匹克森林公园等都人工种植了许多水生植物。风吹苇海、月照荷塘这类风光，都会令人触景生情产生美的遐想，而曲水荷香、柳浪闻莺这类景点，皆是因为用水生植物造景而远近闻名。

任务二　认知地被植物

地被植物是指某些有一定观赏价值，铺设于大面积裸露平地或坡地，或适于阴湿林下和林间隙地等各种环境，覆盖地面的多年生草本和低矮丛生、枝叶密集或偃伏性或半蔓性的灌木以及藤本。草坪草是最为人们熟悉的地被植物，通常另列为一类。

“黄土不露天”是园林绿化中的重要指标，随着园林应用的不断发展，地被植物家族越来越壮大。

任务说明

任务内容：请调查紫竹院公园和玉渊潭公园地被种类，并制作 PPT 以展示说明。

学习内容：了解自然分类法。通过识别地被植物，掌握识别方法，完成调查任务。

一、认知常见地被植物

1. 砂地柏（图 4-2-1）

【科属】柏科圆柏属

【学名】*Sabina vulgatis* Ant

【别名】叉子圆柏、沙地柏

【形态特征】匍匐性灌木。枝密，斜上伸展，枝皮灰褐色，裂成薄片脱落；一年生枝的分枝皆为圆柱形。叶二型：刺叶常生于幼树上，稀在壮龄树上

图 4-2-1　砂地柏

与鳞叶并存，常交互对生或兼有三叶交叉轮生，排列较密，向上斜展，先端刺尖；鳞叶交互对生，排列紧密或稍疏，斜方形或菱状卵形，先端微钝或急尖。雌雄异株，稀同株；雄球花椭圆形或矩圆形；雌球花曲垂或初期直立而随后俯垂。球果生于向下弯曲的小枝顶端，熟前蓝绿色，熟时褐色至紫蓝色或黑色，多少有白粉，具1～4粒种子，多为倒三角状球形；种子常为卵圆形，微扁，顶端钝或微尖。

【生态习性】喜光，喜凉爽干燥气候，耐寒、耐旱、耐瘠薄，对土壤要求不严，不耐涝。适应性强，生长较快，栽培管理简单。

【园林用途】匍匐有姿，是良好的地被树种。适应性强，宜护坡固沙，作水土保持及固沙造林用树种，是华北、西北地区良好的绿化树种。

2. 平枝栒子(图4-2-2)

【科属】蔷薇科栒子属

【学名】_Cotoneaster horizontalis_ Decne

【别名】铺地蜈蚣、栒刺木

【形态特征】落叶或半常绿匍匐灌木。枝水平张开成整齐2列，宛如蜈蚣。叶近圆形或至倒卵形，长5～14mm，先端急尖，基部广楔形，表面暗绿色，无毛，背面疏生平贴细毛。花1～2朵，粉红色，近无梗；花瓣直立，倒卵形。果近球形，径4～6mm，鲜红色，常有3小核。5～6月开花，果9～10月成熟。

图4-2-2　平枝栒子

【生态习性】喜光，也稍耐阴，多散生于海拔2000～4000m的高山湿润多石坡地，喜空所湿润环境。耐土壤干旱、瘠薄，也较耐寒，但不耐湿涝。

【园林用途】小叶栒子枝横展，叶小枝密，花密集枝头，晚秋叶片颜色红亮，红果累累。是布置岩石园、庭院，绿地等处的良好材料。也可制作盆景。

3. 扶芳藤(图4-2-3)

【科属】卫矛科卫矛属

【学名】_Euonymus fortunei_ Hand. －Mazz.

【别名】金线风、络石藤

【形态特征】常绿或半常绿灌木，匍匐或攀缘，高约1.5m。枝上通常生长细

图 4-2-3　扶芳藤

根并具小瘤状突起。叶对生，广椭圆形或椭圆状卵形至长椭圆状倒卵形，先端尖或短锐尖，基部阔楔形，边缘具细锯齿，质厚或稍带革质，上面叶脉稍突起，下面叶脉甚明显；叶柄短。聚伞花序腋生；萼片4；花瓣4，绿白色，近圆形，径约2mm；雄蕊4，着生于花盘边缘。蒴果球形；种子外被橘红色假种皮。花期6～7月，果期9～10月。

【生态习性】耐阴，不耐寒。

【园林用途】四季常青，有较强的攀缘能力。在园林中应用广泛。

4. 麦冬（图4-2-4）

【科属】百合科沿阶草属

【学名】*Ophitopogin japonicus*（L. f）Ker. －Gawl.

【别名】沿阶草、书带草

【形态特征】成丛生长，高30cm左右。叶丛生，叶片革质，条形，深绿色，形如韭菜。花茎自叶丛中生出，花小，淡紫色，形成总状花序，花被淡紫色或浅蓝色。果为浆果，圆球形，成熟后为深绿色或黑蓝色。根茎短，有多数须根，在部分须根的中部或尖端常膨大成纺锤形的肉质块根，即药用的麦冬。

【生态习性】喜阴湿环境，忌阳光直射。耐寒力较强，在长江流域可露地越冬，北方地区需入低温温室。对土壤要求不严，但在肥沃湿润的土壤中生长良好。

【园林用途】植株低矮，终年常绿，是良好的地被植物和花坛的边饰材料，盆栽多用于疏荫地，组成盆花群的最外沿。全草可入药。

图 4-2-4　麦冬

5. 高羊茅（图 4-2-5）

【科属】禾本科羊茅属

【学名】*Festuca arundinacea*

【别名】羊茅

图 4-2-5　高羊茅

【形态特征】多年生草本。根须状，秆成疏丛或单生，直立，高 90～120cm，具 3～4 节，光滑，上部伸出鞘外的部分长达 30cm。叶鞘光滑，具纵条纹；叶舌膜质，截平，长 2～4mm；叶片线状披针形，先端长渐尖，通常扁平，下面光滑无毛，上面及边缘粗糙，长 10～20cm，宽 3～7mm。圆锥花序疏松开展，长 20～28cm；分枝单生，长达 15cm，自近基部处分出小枝或小穗；侧生小穗柄长 1～2mm；小穗长 7～10mm，含 2～3 花；颖果长约 4mm，顶端有毛绒。花果期 4～8 月。

【生态习性】适应性强，生活力、生长势、抗践踏能力亦强。抗寒，也较抗热，耐干旱，也耐潮湿。在富含腐殖质的疏松土壤上生长良好，具有吸收深土层水分的能力。喜阳，也耐半阴。耐修剪，但不耐低剪。

【园林用途】因质地粗糙，草坪质量一般，生长较快，耐践踏性强，多用于一般性的地面覆盖和保土草坪的建植。

6. 野牛草（图 4-2-6）

【科属】禾本科野牛草属

图 4-2-6　野牛草

【学名】*Buchloe dactyloides*

【别名】水牛草

【形态特征】多年生低矮草本。具匍匐茎。叶片线形，两面疏生有细小柔毛，质地柔软。雌雄同株或异株，雄穗状花序 1～3 枚，排列成总状，高出叶面，黄褐色，排列在穗轴一侧；雌花序成球形，为上部有些膨大的叶鞘所包裹。

【生态习性】适应性强，喜光，又能耐半阴，耐土壤瘠薄，具较强的耐寒能力。与杂草的竞争力强，具一定的耐践踏能力。

【园林用途】野牛草已成为在我国北方栽培面积最大的暖季型草，广泛用于工矿企业、公园、河岸、道路边坡及庭院绿地的建植和固土护坡。此外，它因能在含盐量为0.8%～1.0%、pH 8.2～8.4的盐碱土上良好生长，而成为盐碱地绿化的良好材料。

7. 早熟禾(图4-2-7)

【科属】禾本科早熟禾属

【学名】*Poa pratensis*

【别名】稍草、冷草

【形态特征】一年生草本。高8～30cm。秆细弱丛生，直立或基部倾斜，具2～3节。叶鞘质软，中部以上闭合，短于节间，平滑无毛；叶舌膜质，长1～2mm，顶端钝圆；叶片扁平、柔弱、细长，长2～12cm，宽2～3mm。圆锥花序展开，呈金字塔形，长3～7cm。颖果黄褐色，纺锤形。花期4～5月。

图4-2-7　早熟禾

【生态习性】耐寒，耐旱，抗风，在土壤pH 5.8～8.2都能生长，但以微酸性至中性为好。喜排水良好、质地疏松和肥沃的土壤。耐践踏，但建植较慢，夏季生长较慢，易感病害，不耐瘠薄土壤。建坪4～5年后生长渐衰。

【园林用途】和快速生长的草种(如多年生黑麦草)混合使用，在早熟禾生长的过程中地面得以覆盖。我国北方及中部地区、南方部分冷凉地区广泛用于公园、机关、学校、居住区、运动场等地绿化。

8. 细叶薹草(图4-2-8)

【科属】莎草科薹草属

【学名】*Carex rigescens*

【别名】羊胡子草

【形态特征】多年生草本。具细长匍匐根状茎，秆高5～40cm，基部有黑褐色纤维状分裂的旧叶鞘。叶片短于秆，宽1～3mm，扁平。穗状花序卵形或矩圆形，小穗5～8个，密集生于秆端；小穗卵形或宽卵形，长5～8mm，顶部少数雄

图 4-2-8　细叶薹草

花，其他为雌花。苞片鳞片状，果囊卵形或椭圆形，与鳞片近等长，两面具多数脉，基部圆，略具海绵状组织，边缘无翅，顶端急缩为短喙，喙口具2小齿，小坚果宽椭圆形。

【生态习性】喜冷凉气候，耐寒力强，在 -25℃低温条件下能顺利越冬。耐干旱、耐瘠薄，能适应多种土壤类型，以在肥沃湿润的土壤上生长最佳。耐阴中等，同杂草的竞争力较差。春末夏初至仲秋生长最旺。耐践踏性中等。

【园林用途】用作公园、风景区、庭园观赏草坪或适当践踏的休息草坪，是高速公路、铁路两旁等地优良的地被植物。在我国北方地区常用作早春牛、羊等牧畜的放牧地。

9. 黑麦草(图 4-2-9)

【科属】禾本科黑麦草属

【学名】*Lolium perenne* L.

【别名】多花黑麦草

【形态特征】多年生草本。具细弱根状茎。秆丛生，高 30～90cm，具 3～4 节，质软，基部节上生根。叶舌长约 2mm；叶片线形，长 5～20cm，宽 3～6mm，柔软，具微毛，有时具叶耳。穗状花序直立或稍弯，长 10～20cm，宽 5～8mm。颖果长约为宽的 3 倍。花果期 5～7 月。

图 4-2-9　黑麦草

【生态习性】不耐干旱和瘠薄，适宜排水良好、肥沃的黏质土壤。喜光照充足，阴处则叶色黄绿，生长不良。

【园林用途】与早熟禾等草种混播，可用于足球场和高尔夫球场。

10. 二月蓝(图 4-2-10)

【科属】十字花科诸葛菜属

【学名】*Orychragmus violaceus* O. E. Schulz

【别名】诸葛菜、紫金草

【形态特征】下部叶近圆形，有叶柄，而上部叶则生于花薹上，近三角形，抱茎而生。总状花序顶生，小花十字形，蓝紫色。角果圆柱形。花期2～5月。

【生态习性】耐寒性、耐阴性较强，有一定散射光即能正常生长、开花、结实。对土壤要求不严。

【园林用途】绿叶葱葱，早春花开成片。为良好的园林阴处或林下地被植物，也可用作花境栽培。

图4-2-10　二月蓝

11. 车轴草(图4-2-11)

【科属】豆科车轴草属

【学名】*Prifolium repens*

【别名】三叶草、香车叶草

【形态特征】多年生草本。匍匐茎，茎节处易生不定根，分枝长达40～60cm。叶为三小叶互生，倒卵圆形或倒心脏形，油绿色，先端凹陷或圆形，叶基部楔形，边缘有小锯齿。花数多，密生成头状或球状花序，总花梗长，高出叶面；花白色或淡红色。荚果倒卵状矩形，种子细小，千粒重仅0.5～0.7g。花期于夏秋两季陆续开放不断，种子成熟期也不一致，边开花边结实。

图4-2-11　车轴草

【生态习性】喜凉爽湿润的气候，耐旱性差，耐湿，在稍酸性或盐碱性土壤上均能生长。其地上植株生长特别繁茂，能很快覆盖盆面。白三叶不耐干旱和长期积水，耐热性和耐寒性较强，最适生长在年降水量为800～1200mm的地区。

【园林用途】具有广泛栽培意义的一类重要牧草作物，也是重要的绿肥与水土保持植物。

12. 红花酢浆草(图4-2-12)

【科属】酢酱草科酢酱草属

【学名】*Oxalis rubra* DC.

图 4-2-12　红花酢浆草

【别名】南天七、夜合梅

【形态特征】多年生草本。株高 10～20cm。地下具球形根状茎，白色透明。基生叶，叶柄较长，复叶，小叶 3，小叶倒心形，三角状排列。花从叶丛中抽生，伞形花序顶生，总花梗稍高出叶丛。蒴果。花期 4～10 月。花与叶对阳光均敏感，白天、晴天开放，夜间及阴雨天闭合。

【生态习性】喜向阳、温暖、湿润的环境，夏季炎热地区宜遮半阴，抗旱能力较强，不耐寒，华北地区冬季需进温室栽培，长江以南地区可露地越冬。喜阴湿环境，对土壤适应性较强，一般园土均可生长，但以腐殖质丰富的砂质壤土生长旺盛，夏季有短期的休眠。

【园林用途】园林中广泛种植，既可以布置于花坛、花境，又适于大片栽植作为地被植物和隙地丛植，还是盆栽的良好材料。

13. 蛇莓(图 4-2-13)

【科属】蔷薇科蛇莓属

【学名】*Duchesnea indica*（Andr.）Focke

【别名】鸡冠果、野杨梅、龙吐珠

【形态特征】多年生草本。全株有白色柔毛。茎细长，匍匐状，节节生根。三出复叶互生，小叶菱状卵形，长 1.5～4cm，宽 1～3cm，边缘具钝齿，两面均被疏柔毛，具托叶；叶柄与叶片等长或长数倍，有向上伏生的白柔毛。花单生于叶腋，具长柄；副萼片 5，有缺刻，萼片 5，较副萼片小；花瓣 5，黄色，倒卵形；雄蕊多数，着生于扁平花托上。聚合果成熟时花托膨大，海绵质，红色；瘦果小，多数，红色。花期 4～5 月，果期 5～6 月。

图 4-2-13　蛇莓

【生态习性】喜温暖湿润环境。较耐旱，耐瘠薄，对土壤要求不严。常生于田边、沟边或村旁较湿润处。

【园林用途】生活力较强，夏季果实鲜红晶莹颇为诱人。宜栽在斜坡作地被植物。全株可作药。

14. 紫花地丁(图4-2-14)

【科属】堇菜科堇菜属

【学名】*Viola chinensis*

【别名】独行虎、米布袋

【形态特征】多年生草本。无地上茎，高4～14cm。叶片下部呈三角状卵形或狭卵形，上部者较长，呈长圆形、狭卵状披针形或长圆状卵形，花中等大，紫堇色或淡紫色，稀呈白色，喉部色较淡并带有紫色条纹。蒴果长圆形，长5～12mm；种子卵球形，淡黄色。花果期4月中下旬至9月。

图4-2-14　紫花地丁

【生态习性】性强健，喜半阴的环境和湿润的土壤，但在阳光下和较干燥的地方也能生长，耐寒、耐旱，对土壤要求不严，在华北地区能自播繁衍，在半阴条件下表现出较强的竞争性，除羊胡子草外，其他草本植物很难侵入。在阳光下可与许多低矮的草本植物共生。

【园林用途】可单种成片植于林缘下或向阳的草地上，也可与其他草本植物，如野牛草、蒲公英等混种，形成美丽的缀花草坪。

15. 蒲公英(图4-2-15)

【科属】菊科蒲公英属

【学名】*Oxalis taraxaci*

【别名】蒲公草、尿床草

【形态特征】根圆锥状，表面棕褐色，皱缩。叶边缘有时具波状齿或羽状深裂，基部渐狭成叶柄；叶柄及主脉常带红紫色，花莛上部紫红色，密被蛛丝状白色长柔毛。头状花序，总苞钟状。瘦果暗褐色，长冠毛白色。花果期4～10月。

图4-2-15　蒲公英

【生态习性】广泛生于中、低海拔地区的山坡草地、路边、田野、河滩。

【园林用途】喜阳光充足的环境条件，耐寒，适应性强，对土壤的要求不严。

知识链接

一、基本概念

草坪植物即草坪草，人们通常把构成草坪的植物叫草坪草。草坪草大多是质地纤细、株体低矮的禾本科草类。具体而言，草坪草是指能够形成草皮或草坪，并能耐受定期修剪和使用的一些草本植物种类。草坪草大多以禾本科的草本植物为主，也有部分符合草坪要求的其他单子叶和双子叶草本植物，如百合科的麦冬（沿阶草），莎草科的薹草，豆科的白三叶、红三叶等。

草坪草通常具有以下特性：

(1)便于修剪，其生长点低。比如高尔夫果岭草坪修剪高度在5mm左右，一般植物很难满足其要求。

(2)叶片多，且具有较好的弹性、柔软度、色泽。看上去要美观漂亮，脚踏上去要柔软、舒服。

(3)具有发达的匍匐茎、强的扩展性，能迅速地覆盖地面。

(4)生长势强、繁殖快、再生力强。

(5)耐践踏，比如经得住足球运动员来回踩踏。

(6)剪后不流浆汁，没有怪味，对人畜无毒害。

(7)耐逆性强，即在干旱、低温条件下能很好生长。

常用的草坪植物种类甚多。禾本科主要有剪股颖属(*Agrostis*)、早熟禾属(*Poa*)和羊茅属(*Festuca*)中的某些种类，以及地毯草（*Axonopus compressus*)、狗牙根(*Cynodon dactylon*)、假俭草(*Eremochloa ophiuroides*)、结缕草(*Zoysia japonica*)和细叶结缕草(天鹅绒草，*Z. tenuifolia*)等；莎草科主要有薹草属(*Carex*)中的某些种类。

二、草坪植物类型

按草坪植物生长的适宜气候条件和地域分布范围可将草坪草分为暖季型草坪草和冷季型草坪草。

1. 暖季型草坪草

暖季型草坪草主要分布于长江流域及以南较低海拔地区，最适生长温度为

25～32℃。它的主要特点是冬季呈休眠状态，早春开始返青，复苏后生长旺盛。

暖季型草坪草在我国主要分布在长江以南地区，在黄河流域冬季不出现极端低温的地区也种植有暖季型草坪草中的个别品种，像狗牙根、结缕草等。暖季型草坪草生长的最适温度是25～32℃，当温度在10℃以下出现休眠状态。

暖季型草坪草中仅有少数品种可以获得种子，因此主要以营养繁殖方式进行草坪的建植。此外，暖季型草坪草均具相当强的长势和竞争力，群落一旦形成，其他草很难侵入。因此，暖季型草坪草多为单一品种的草坪，混合型草坪不易见到。

2. 冷季型草坪草

冷季型草坪草主要分布于华北、东北和西北等长江以北的北方地区，最适生长温度是15～25℃。它的主要特征是耐寒性较强，在夏季不耐炎热，春、秋两季生长旺盛。

冷季型草坪草的最适生长温度是15～25℃，可以忍受－15℃的极限低温和35℃以上的极端高温，因此冷季型草坪草适宜在我国黄河以北的地区生长，在南方越夏较困难。在长江以南，由于夏季气温较高，且高温与高湿同期，冷季型草坪草容易感染病害，所以必须采取特别的管理措施，否则易于衰老和死亡。

草地早熟禾、多年生黑麦草、高羊茅、剪股颖和细羊茅都是我国北方地区最适宜的冷季型草坪草种。冷季型草坪草耐高温能力差，但某些冷季型草坪草，如高羊茅、匍茎剪股颖和草地早熟禾可在过渡带或暖地型草坪区生长。

早熟禾和剪股颖能忍耐较低的温度，高羊茅和多年生黑麦草能较好地适应非极端的低温。

二、15种地被植物基本信息汇总(表4-2-1)

表4-2-1　15种地被植物基本信息汇总

序号	种　名	别　名	学　名	科　属	观赏点	观赏期（北京）
1	砂地柏	叉子圆柏、沙地柏	*Sabina vulgatis* Ant	柏科圆柏属	形	全年
2	平枝栒子	铺地蜈蚣、栒刺木	*Cotoneaster horizontalis* Decne	蔷薇科平枝栒子属	形、果	全年
3	扶芳藤	金线风、络石藤	*Euonymus fortunei* Hand. －Mazz.	卫矛科卫矛属	形、叶	全年
4	麦冬	沿阶草、书带草	*Ophitopogin japonicus* (L. f) Ker. －Gawl.	百合科沿阶草属	叶、花	全年

（续）

序号	种　名	别　名	学　名	科　属	观赏点	观赏期（北京）
5	高羊茅	羊茅	*Festuca arundinacea*	禾本科羊茅属	形、叶	4～10月
6	野牛草	水牛草	*Buchloe dactyloides*	禾本科野牛草属	形、叶	5～10月
7	早熟禾	稍草、冷草	*Poa pratensis*	禾本科早熟禾属	形、叶	3～10月
8	细叶薹草	羊胡子草	*Carex rigescens*	莎草科薹草属	形、叶	5～10月
9	黑麦草	多花黑麦草	*Lolium perenne* L.	禾本科黑麦草属	形、叶	4～10月
10	二月蓝	诸葛菜、紫金草	*Orychragmus violaceus* O. E. Schulz	十字花科诸葛菜属	花	2～6月
11	车轴草	三叶草、香车叶草	*Trifolium repens*	豆科三叶草属	叶、花	6～10月
12	红花酢浆草	南天七、夜合梅	*Oxalis rubra* DC.	酢酱草科酢酱草属	叶、花	3～10月
13	蛇莓	鸡冠果、野杨梅、龙吐珠	*Duchesnea indica* (Andr.) Focke	蔷薇科蛇莓属	形、果	3～10月
14	紫花地丁	独行虎、米布袋	*Viola chinensis*	堇菜科堇菜属	叶、花	3～10月
15	蒲公英	蒲公草、尿床草	*Oxalis taraxaci*	酢酱草科酢酱草属	叶、花	2～10月

知识拓展

一、我国的植物资源

我国疆域辽阔，自然条件优越，适于各种植物生长，植物资源极为丰富，在世界上享有“园林之母”的盛名。各国园林界、植物学界视我国为世界园林植物发祥地之一。中国原产的木本植物约为7500种，在世界树种总数中所占比例极大。中国已故树木分类学家陈嵘先生曾做过统计，中国原产的乔灌木种类，竟比全世界其他北温带地区所产的总数还多。世界著名的园林树木中如银杏、水杉、水松、金钱松、玉兰、珙桐、猬实、银杉以及著名的山茶、杜鹃花等均来自我国。我国各种名贵园林树木和花卉，几百年来不断传向世界，为世界各地园林建设起到了重大的推动作用。

二、园林植物

适用于园林绿化的植物材料，包括木本和草本的观花、观叶或观果植物，以及适用于园林、绿地和风景名胜区、室内花卉装饰用的植物都称园林植物。园林植物分为木本园林植物和草本园林植物两大类。

园林植物是园林树木及花卉的总称。按照通常园林应用的分类方法，园林树木一般分为乔木、灌木、藤本三类。广义的花卉是指有观赏价值的草本植物、草本或木本的地被植物、花灌木、开花乔木及盆景等。总而言之，园林植物涵盖了所有具观赏价值的植物。

三、园林植物的功能

（一）保护城市环境

1. 净化空气

空气是人类赖以生存和生活不可缺少的物质，是重要的外环境因素之一。一个成年人每天平均吸入 10～$12m^3$ 的空气，同时释放出相应量的二氧化碳。为了保持平衡，需要不断地消耗二氧化碳和放出氧气，生态系统的这个循环主要靠植物来补偿。植物的光合作用，能大量吸收二氧化碳并放出氧气。其呼吸作用虽也放出二氧化碳，但是植物在白天的光合作用所制造的氧气比呼吸作用所消耗的氧气多 20 倍。一个城市居民只要有 $10m^2$ 的森林绿地面积，就可以吸收其呼出的全部二氧化碳。事实上，加上城市生产建设所产生的二氧化碳，则城市每人必须有 30～$40m^2$ 的绿地面积。

城市空气中含有大量尘埃、油烟、碳粒等。这些烟灰和粉尘降低了太阳的照明度和辐射强度，削弱了紫外线，不利于人体的健康，而且污染了的空气使人们的呼吸系统受到污染，导致各种呼吸道疾病的发病率增加。植物构成的绿色空间对烟尘和粉尘有明显的阻挡、过滤和吸附作用。北京市每年要燃烧 2800 万 t 的煤，产生大约 1 亿 t 的二氧化碳，排放 3399.4 亿 m^3 的工业废气，24.7 万 t 的二氧化硫。这些有毒气体都直接危害着人们的身体健康。园林植物可以吸收空气中的二氧化硫、氯气等有毒气体，并且做到彻底的无害处理。$1hm^2$ 绿地，每年吸收二氧化硫 171kg，吸收氯气 34kg。北京市建成市区的绿地，每年可以吸收二氧化硫 2737t，吸收氯气 544t。植物对于维持洁净的生存环境具有重要的作用。

芦荟、吊兰、虎尾兰、一叶兰、龟背竹为天然的清道夫。研究表明，芦荟、虎尾兰和吊兰，吸收室内有害气体甲醛的能力超强。铁树、菊花、金橘、石榴、紫茉莉、半支莲、月季、山茶、米兰、雏菊、蜡梅、万寿菊，可吸收家中电器、塑料制品等散发的有害气体。

玫瑰、桂花、紫罗兰、茉莉、柠檬、蔷薇、石竹、铃兰、紫薇，这些芳香花卉产生的挥发性油类具有显著的杀菌作用。紫薇、茉莉、柠檬等植物，5min 内就可以杀死原生菌，如白喉菌和痢疾菌等。茉莉、蔷薇、石竹、铃兰、紫罗兰、玫瑰、桂花等植物散发出的香味对结核杆菌、肺炎球菌、葡萄球菌的生长繁殖具有明显的抑制作用。兰花、桂花、蜡梅、花叶芋、红背桂，其纤毛能吸收空气中的飘浮微粒及烟尘。丁香、茉莉、玫瑰、紫罗兰、薄荷，这些植物可使人放松，有利于睡眠。

2. 净化水体

城市水体污染源主要有工业废水、生活污水、降水径流等。工业废水和生活污水在城市中多通过管道排出，较易集中处理和净化。而大气降水，形成地表径流，冲刷和带走了大量地表污物，其成分和水的流向难以控制，许多则渗入土壤，继续污染地下水。许多水生植物和沼生植物对净化城市污水有明显作用。比如在种有芦苇的水池中，其水的悬浮物减少30%，氯化物减少90%，有机氮减少60%，磷酸盐减少20%，氨减少66%。另外，草地可以大量滞留许多有害的金属，吸收地表污物；树木的根系可以吸收水中的溶解质，减少水中细菌含量。

3. 净化土壤

植物的地下根系能吸收大量有害物质而具有净化土壤的能力。有植物根系分布的土壤，好气性细菌比没有根系分布的土壤多几百倍至几千倍，故能促使土壤中的有机物迅速无机化。因此，既净化了土壤，又增加了肥力。草坪是城市土壤净化的重要地被物，城市中一切裸露的土地，种植草坪后，不仅可以改善地上的环境卫生，也能改善地下的土壤卫生条件。

4. 树木的杀菌作用

空气中散布着各种细菌、病原菌等微生物，不少是对人体有害的病菌，时刻侵袭着人体，直接影响人们的身体健康。绿色植物可以减少空气中细菌的数量，其中一个重要的原因是许多植物的芽、叶、花粉能分泌出具有杀死细菌、真菌和原生动物的挥发物质，称为杀菌素。如丁香酚、松脂、核桃醌等，所以绿地空气中的细菌含量明显低于非绿地。因此，园林植物这种减菌效益，对于维持洁净卫生的城市空气具有积极的意义。经过测定，在北京的几家大型医院中，其医院绿地中空气的含菌量均低于门诊区的细菌含量，城市中绿化区域与没有绿化的街道相比，每立方米空气中的含菌量要减少85%以上。说明绿地具有明显的减少空气中细菌含量的作用。

5. 改善城市小气候

小气候主要指地层表面属性的差异性所造成的局部地区气候。其影响因素除太阳辐射和气温外，直接随作用层的狭隘地方属性而转移，如地形、植被、水面等，特别是植被对地表温度和小区域气候的影响尤大。夏季人们在公园或树林中会感到清凉舒适，这是因为太阳照到树冠上时，有30%～70%的太阳辐射热被吸收。树木的蒸腾作用需要吸收大量热能，从而使公园绿地上空的温度降低。另外，由于树冠遮挡了直射阳光，使树下的光照量只有树冠外的1/5，从而给休憩者创造了舒适的环境。草坪也有较好的降温效果，当夏季城市气温为27.5℃时，草地表面温度为22～24.5℃，比裸露地面低6～7℃。到了冬季绿地里的树木能降低风速20%，使寒冷的气温不至于降得过低，起到保温作用。

园林绿地中有着很多花草树木，它们的叶表面积比其占地面积要大得多。由于植物的生理机能，植物蒸腾大量的水分，增加了大气的湿度。这给人们的生产、生活创造了凉爽、舒适的气候环境。

绿地在平静无风时，还能促进气流交换。由于林地和绿化地区能降低气温，而城市中建筑和铺装道路广场在吸收太阳辐射后表面增热，使绿地与无绿地区域之间产生温差，形成垂直环流，使在无风的天气形成微风。因此，合理的绿化布局，可改善城市通风及环境卫生状况。

6. 减低噪声

噪声是声波的一种，正是由于这种声波引起空气质点振动，使大气压产生迅速的起伏，这种起伏越大，声音听起来越响。噪声也是一种环境污染，对人产生不良影响。北京市环保部门收到的群众投诉中40%以上是关于噪声污染的。研究证明，植树绿化对噪声具有吸收和消解的作用，可以减弱噪声的强度。其衰弱噪声的机理一方面是噪声波被树叶向各个方向不规则反射而使声音减弱；另一方面是由于噪声波造成树叶发生微振而使声音消耗。

（二）美化城市

植物给予人们的美感效应，是通过植物固有的色彩、姿态、风韵等个性特色和群体景观效应体现出来的。一条街道如果没有绿色植物的装饰，无论两侧的建筑多么的新颖，也会显得缺乏生气。同样一座设施豪华的居住小区，要有绿地和树木的衬托才能显得生机盎然。许多风景优美的城市，不仅有优美的自然地貌和雄伟的建筑群体，园林植物的景观效果也对城市面貌起着决定性的作用。

人们对于植物的美感，随着时代、观者的角度和文化素养程度的不同而有差别。同时光线、气温、风、雨、霜、雪等气象因子作用于植物，使植物呈现朝夕不同、四时互异、千变万化的景色变化，这能给人们带来一个丰富多彩的景观效果。

1. 色彩美

植物的色彩给人的美感是最直接、最强烈的，每当人们看到不同的花色时，往往会产生不同的情感，例如红色使人激动、令人兴奋、催人向上；黄色象征着智慧和权力；而绿色则是生命、自由、和平与安静之色，给人充实与希望之感。

植物的色彩包括花、叶、果实与枝干四部分。

(1)花色　对于整个植株来说，花是主要的观赏器官，花的色彩是大自然中最为丰富的色彩来源之一。不同种类的植物花色不同，同一种类的植物不同的品种花色也不同，即使是同一品种，在不同时期花色也不同，其花色的变化足以构成一个“万紫千红”的世界。按植物开花的颜色将其分为红、黄、白、紫色等。常见的红色花有桃花、玫瑰、一串红等；黄色花有迎春、连翘、万寿菊等；白色花有广玉兰、马蹄莲、荷花等；紫色花有紫荆、紫薇、紫藤等。

(2)叶色　叶的色彩主要以绿色为主，但随着季节的变化而变化。植物刚抽出的新芽是嫩绿的，随季节变化由浅入深，由淡转浓。特别是枫树类，夏末秋初叶子逐渐变红，层林尽染，景色秀丽，令人心旷神怡。叶色可分为浅绿(刺槐)、黄绿(黄金侧柏)、深绿(松)以及赤绿、褐绿、茶绿等。除此以外，还有一些彩叶类，如变叶木、彩叶芋、银边八仙花等具很高的观赏价值。

(3)果色　果色也具有很高的观赏价值，特别是夏末初秋，万花凋零时，万绿丛中点缀着红色或黄色的果实，既有极佳的景观效果，又给人以收获的喜悦。常见的果实颜色有红、黄、蓝紫等，如红果的枸杞、山楂，黄果的金橘、银杏，蓝紫果的葡萄、紫珠等。

(4)干色　树木的树干虽然多为褐色且粗糙，但对植物整体来说，也起到调和的作用，而且不同种类的树木树干颜色也不同，有灰白、绿、紫褐等色，如白皮松、白桦为白色，梧桐、槐树为绿色。

2. 形态美

园林植物种类繁多，千姿百态，给人以强烈的形式美感。植物的形态主要表现在树冠、枝干、叶、花果等部分。

(1)树冠　树冠的形态有圆球形(栾树)、圆锥形(雪松)、尖塔形(塔柏)、伞形(合欢)、下垂形(垂柳)、匍匐形(偃柏) 等。

(2)树枝和树干　主干一般较直立，给人以雄伟之感；枝条一般是直伸斜出的，也有弯曲下垂的，如照水梅、垂柳，给人轻柔飘逸之感。

(3)叶　叶片形状可以说是千变万化的，从大小看，大的长20 m以上，小的仅有几毫米。从形状看，有披针形、针形、线形、心脏形、卵形、椭圆形、马褂形、菱形、龟背形、鱼尾形等，奇特或较大的叶形往往具有较高的观赏价值，如龟背竹、鱼尾葵等。

(4)花形、果形　花形、果形更为奇特，如珙桐的花，黄色球形的花序前有尖的嘴壳，像只鸽子头，还有乳白色大苞片，仿佛鸽翅，盛花时节，山风吹来，宛如鸽群振翅，美妙之极。还有鹤望兰的花序似仙鹤的头，拖鞋兰的花瓣像拖鞋，佛手的果实像手等，都十分奇特美丽。

除此之外，还有树木的根也具独特的观赏价值，那些形态各异的根雕作品就是很好的例证；再如榕树的气根，大量气根从树上垂落地下，给人独木成林的感觉。

3. 风韵美

风韵美是指花的风度、气质和特性。人们欣赏花的色、香、形只是花的自然美，是外部条件引起赏花者对花的美感，而花韵则是人们对色、香、形的综合感受，并由此引发的各种遐想，它是在长期栽培观赏花木的过程中，根据花木的特点，逐渐形成了各种花木的寓意内涵，可以表达人们的感情愿望、理想等精神，如荷花出淤泥而不染，洁身自好，赋予它清白、纯洁的象征意义。松、竹、梅傲霜斗雪，被人们称为“岁寒三友”，用来比喻人类的顽强精神和坚韧不拔的性格。可见，韵是花的内在美，真正的美。花韵的内涵是十分丰富的，而且会随着社会的发展不断增加新的内容。

4. 香味、美味

气味给人的感觉并不像色彩那样直接，但却能使人产生如痴如醉的美感。如桂花飘香的季节，远远都能嗅得到。当然不同种类的花香味也不同。如梅花的暗香、兰花的幽香、含笑的浓香和茉莉的馨香都给人带来不同的美感。特别是有些花如玫瑰、茉莉、桂花、玉兰等还能制成饮料和食品，给人别具一格的味觉美。

(三)心理调节功能

植物对人类有着一定的心理调节。随着科学的发展，人们不断深化对这一功能的认识。在德国公园绿地被称为“绿色医生”。在城市中使人镇静的绿色和蓝色较少，而使人兴奋和活跃的红色、黄色在增多。因此，绿地的光线可以激发人们的生理活力，使人们在心理上感觉平静。绿色使人感到舒适，能调节人的神经系统。植物的各种颜色对光线的吸收和反射不同，青草和树木的青、绿色能吸收强光中对眼睛有害的紫外线。对光的反射，青色反射36%，绿色反射47%，对人的神经系统、大脑皮层和眼睛的视网膜比较适宜。如果在室内外有花草树木繁茂的绿色空间，就可使眼睛减轻和消除疲劳。

单元小结

水生植物根据其生长环境可以划分为挺水植物、浮水植物、漂浮植物和沉水植物。水生植物对环境的适应改变了其茎干的结构，其体内通气组织发达。

地被植物的选择在现在绿化选材中越来越广泛，其中草坪植物是发展较早较成熟的一类，而草坪植物因其选材的集中性，往往单独划分一类。

通过对植物功能的探究，体会植物在城市绿化中的重要地位。

动脑动手

1. 观察学校有哪些地被植物，并列表统计。
2. 调查居住地附近公园，拍照地被植物，并写出地被植物名称。
3. 为学校的水生植物建立一份档案，描绘其形态，说明其习性。

练习与思考

一、请写出以下名词含义

1. 地被植物
2. 园林植物
3. 水生植物

二、回答下列问题

1. 根据生长环境，水生植物可以分为哪几类?
2. 草坪植物有哪些特点?
3. 地被植物的形态特点是什么?
4. 园林植物在城市中的功能是什么?

单元五
认知植物微观结构

单元介绍

无论是高大的乔木、低矮的草本植物还是微小的藻类植物都是由细胞组成的。细胞具有严整的结构，是生命活动的基本单位。植物的一切生命活动，都发生在细胞中。19 世纪，人们认识到细胞中更重要的生活内容物。观察到细胞质、细胞核及核仁等结构，并认识到在植物细胞中细胞核有重要的调节作用。在不断认识细胞的基础上，德国植物学家 Schleiden 在《论植物的发生》(1838)一文中指出细胞是一切植物结构的基本单位。1839 年，另一位德国动物学家 Schwann 在《显微研究》一文中指出动物及植物结构的基本单位都是细胞。他们的观点就是恩格斯称为 19 世纪自然科学的三大发现之一的“细胞学说”(Cell Theory)。

本单元分为 3 个任务。任务一　观察植物细胞与组织；任务二　观察植物器官微观构造；任务三　观察植物的生长发育。

单元目标

1. 掌握细胞的结构。
2. 掌握组织的类型。
3. 具备使用仪器观察园林植物细胞、组织和器官结构的能力。
4. 掌握植物生长发育的基本规律。

任务一　观察植物细胞与组织

17 世纪，英国虎克发现了细胞。19 世纪，德国施莱登和施旺建立了细胞学说。细胞学说的基本内容是：“动植物体都是由细胞构成的，细胞是一切生物体的基本单位”。细胞的发现和细胞学说的建立具有重大意义，它从细胞水平提供了生物界统一的证据，证明了植物和动物有着细胞这一共同的起源，也为近代生物科学接受生物界进化的观点准备了条件。

任务说明

任务内容：绘制植物微观结构手绘图(细胞)和植物微观结构手绘图(组织)。

学习内容：学习细胞的结构、细胞器的功能，了解植物组织的特点和功能，掌握显微镜的使用，通过显微镜观察和绘制手绘图完成任务。

一、显微镜的使用

(一)显微镜的发展

显微镜是人类最伟大的发明物之一。在它发明出来之前，人类关于周围世界的观念局限在用肉眼，或者靠手持透镜帮助肉眼所看到的东西。显微镜把一个全新的世界展现在人类的视野里。人们第一次看到了数以百计的"新的"微小动物和植物，以及从人体到植物纤维等各种东西的内部构造。

显微镜分光学显微镜和电子显微镜。光学显微镜是在 1590 年由荷兰的詹森父子首创。现在的光学显微镜可把物体放大 1600 倍，分辨的最小极限达 0. 1μm。其中，对显微镜的研制，微生物学有巨大贡献的人为荷兰籍的列文虎克。

(二)显微镜的结构

显微镜由支架系统、光路系统和镜片系统三大部分组成。早期的显微镜以自然光为光源，光路系统包括反光镜、遮光器、通光孔等；当工业时代来临后，显微镜的光源改进到以电为光源。

光学显微镜由目镜、物镜、粗准焦螺旋、细准焦螺旋、载物夹(压片夹)、通光孔、遮光器、载物台、转换器、反光镜、镜臂、镜座、光阑组成。

(三)显微镜的使用方法

1. 取镜和安放：

(1)将显微镜从镜箱中取出时，应一只手握住镜臂，另一只手托住镜座。

(2)把显微镜放在实验台距边缘大约 7cm 处，安装好目镜和物镜。

2. 对光：

(1)自然光源的显微镜　转动转换器，使低倍镜对准通光孔(物镜前端与载物台要保持 2cm 左右距离)；用一个较大光圈对准通光孔。一只眼注视目镜内，转动反光镜，使反射光线经过通光孔、物镜、镜筒到达目镜。以达到通过目镜看到明亮的圆形视野为宜。

(2)电光源的显微镜　打开电源开关，通过目镜观察，调整光源亮度为适合亮度。

3. 把所有要观察的玻片标本正面朝上放在载物台上，用压片夹夹住，标本要正对通光孔的中心。

4. 转动粗准焦螺旋，调整载物台缓慢上升，同时两眼从侧面注视物镜镜头，直到载物台升到最高为止。

5. 一只眼向目镜内看，同时逆时针方向转动粗准焦螺旋，使载物台缓缓下降，直到看清物像为止。如果不清楚，可以略微转动细准焦螺旋，使看到的物像更加清楚。

6. 通过调整载物台、载物夹的位置，可以调整所观察的样品位置；通过更换不同放大倍数的物镜，可以调整所观察的样品的细节程度。

二、观察细胞结构

(一)制作临时玻片标本，观察植物细胞结构

1. 清洁载玻片：用干净的纱布清洁载玻片。

2. 用滴管吸取清水，滴 1 滴在载玻片的中央。

3. 斜向撕开叶片，用镊子撕取一小块表皮(大小 0.5cm 左右)，放在水滴的中央并用镊子展平。

4. 用镊子夹住盖玻片，一侧接触水滴，倾斜慢慢盖在标本上。

5. 染色：将碘液滴在盖玻片的一侧，用吸水纸在另一侧吸引，使碘液浸润标本，重复 1 ~ 2 次。

6. 观察：将制作好的标本放到显微镜的载物台上，根据所观察的物像，绘制一幅校园植物叶表皮细胞结构简图，各结构标注正确。

7. 观察结束后，整理实验台，将显微镜复原。

(二)简图绘制要求

1. 图的大小适当，位置稍偏左上方，以便在图的右侧注字。

2. 先用铅笔轻轻地画出所看到的物像的轮廓，经修改后，再正式画好。

3. 图中较暗的地方，用铅笔点上细点来表示，越暗的地方，细点越多，不能以涂阴影表示暗处。

4. 字尽量注在图的右侧，用尺引出水平的指示线，然后注字。

5. 在图的下方写上所画图形的名称。

三、观察组织特点

选择不同的永久切片，观察植物的各种组织。根据植物组织的功能，观察各组织的细胞特点，理解功能决定形状的含义。

知识链接

一、细胞的概念

细胞是生命活动的基本单位。高等植物体则由无数功能和形态结构不同的细胞组成。在多细胞生物体中，各种组织分别执行特定的功能，但都是以细胞为基本单位而完成的。

细胞还是有机体生长发育的基础。生物有机体的生长发育主要通过细胞分裂、细胞体积的增长和细胞分化来实现。组成多细胞生物体的数目众多的细胞尽管形态不同、功能各异，但它们都是由同一受精卵分裂和分化而来。

细胞同时又是遗传的基本单位。植物的性细胞或体细胞在合适的条件下培养可诱导发育成完整的个体，这说明从复杂有机体中分离出来的单个细胞，是一个独立的单位，具有遗传上的全能性。

二、植物细胞的形态结构

(一) 植物细胞的形态

植物体是由细胞构成的，有些植物如蓝藻、衣藻的植物体由单个细胞构成，故称单细胞植物；而高等植物和绝大多数低等植物由种类繁多的细胞构成，它们属于多细胞植物。

植物细胞的体积通常很小，其直径一般在20～50μm，较大细胞直径也不过11～200μm，因此要借助显微镜才能观察到；但少数植物细胞如西瓜的果肉细胞直径可达1mm，而苎麻纤维细胞的长度可达550 mm，这些巨大的细胞用肉眼即可看到(图5-1-1)。

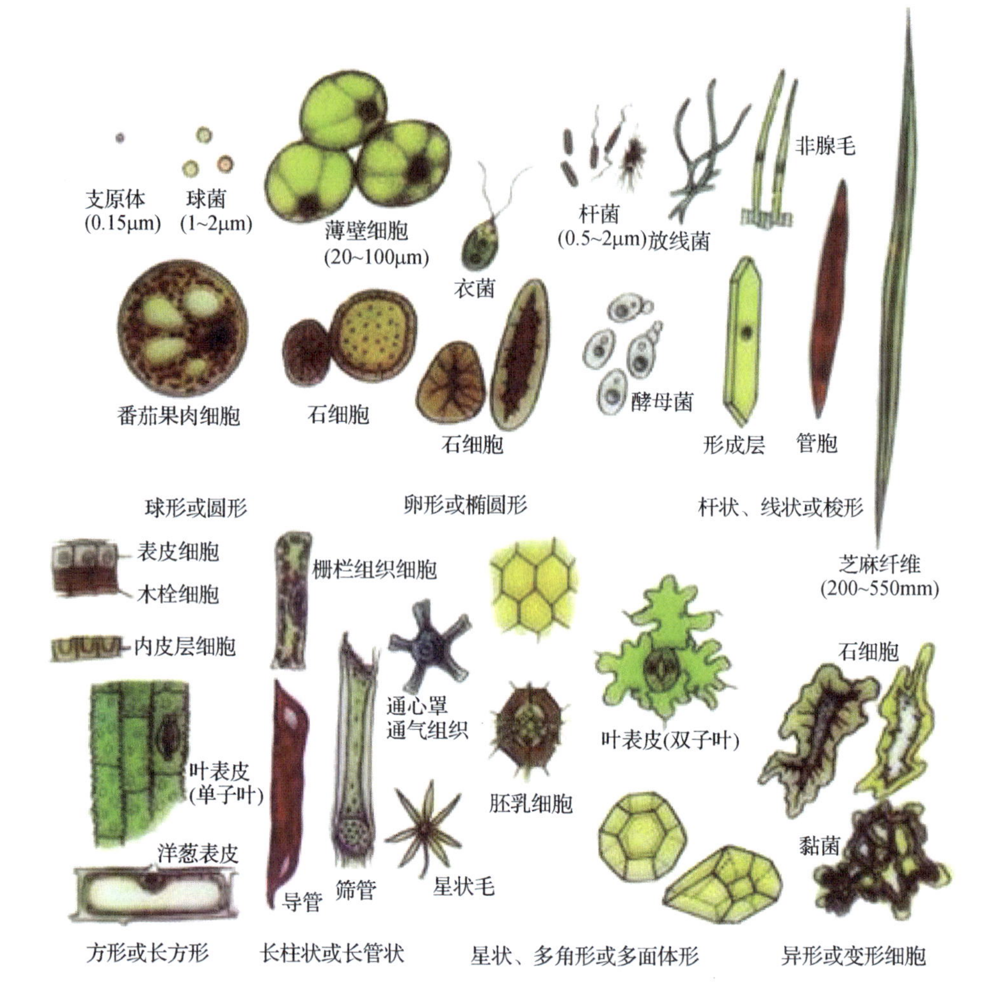

图 5-1-1　植物细胞的形状和大小

从形状上看，单细胞植物体的细胞或从多细胞植物体中分离出来的单个薄壁细胞常常呈球形，而多细胞植物体内的细胞往往呈多面体形，并且在多细胞植物体中，由于不同细胞执行的功能不同，因而在形态上常常有很大差异。

(二)植物细胞的组成

植物细胞是由原生质构成的，原生质是细胞结构和生命活动的物质基础。原生质不是单一的物质，具有十分复杂的化学组成，原生质除水以外，最主要的化学组成是4类大分子化合物，即核酸、蛋白质、类脂和碳水化合物。

从结构上看(图 5-1-2)，植物细胞由细胞壁和原生质体构成。细胞壁是具有一定硬度和弹性的结构，它构成了细胞的外壳；原生质体是细胞的有生命部分，是细胞内各种代谢活动进行的场所。换言之，组成原生质体的物质叫作原生质。

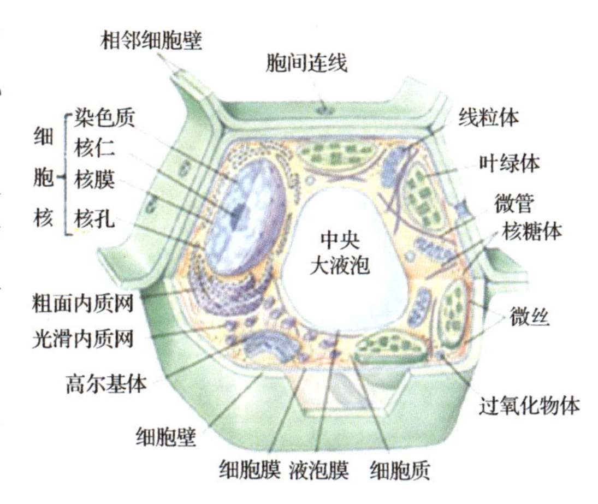

图 5-1-2　植物细胞模型

1. 细胞壁

细胞壁是植物细胞区别于动物细胞的最显著的特征，其控制着原生质体的大小，并且防止原生质体过度吸水引起质膜破裂。细胞壁具有许多特殊的功能，这些功能是植物活动必需的。

植物细胞壁中最主要的成分是纤维素，它决定了细胞壁的结构。纤维素的网络结构中交联着非纤维素分子的基质，这些分子包括半纤维素和果胶类物质等。

细胞壁的另一个重要组成分子是木质素，它是除纤维素外，细胞壁中含量最多的大分子聚合物。从物理特性上看，木质素非常坚硬，从而增加了细胞壁的硬度。在植物保护组织的细胞壁中，通常还含有角质、栓质和蜡质等脂肪类物质。

植物细胞壁的厚度变化很大，这与各类细胞在植物体中的作用和细胞的年龄有关。根据形成的时间和化学成分的不同可将细胞壁分成 3 层：胞间层、初生壁和次生壁(图 5-1-3)。

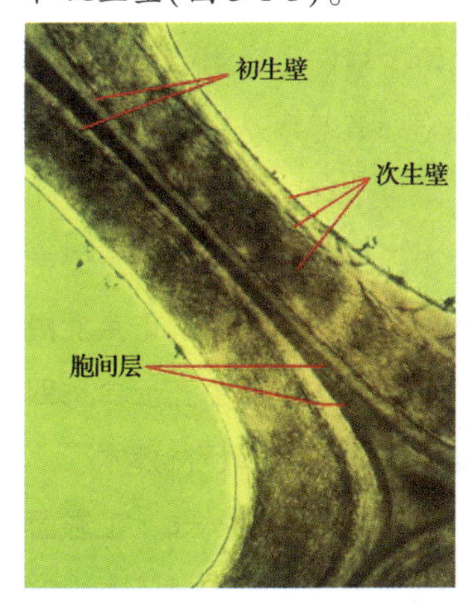

图 5-1-3　细胞壁（电子显微镜下）

胞间层位于细胞壁的最外面，主要由果胶类物质组成，这是一种无定形胶质，有很强的亲水性和可塑性，多细胞植物依靠它使相邻细胞黏结在一起。果胶易被酸或酶分解，从而导致细胞分离。

2. 质膜

质膜是原生质体表面的一层薄膜，通常紧贴细胞壁。生物体内的膜统称为生物膜。

在电子显微镜下，质膜显示出明显的三层结构：两侧是暗带，中间夹着明带。明带的主要成分是类脂，暗带的主要成分是蛋白质。这种在电

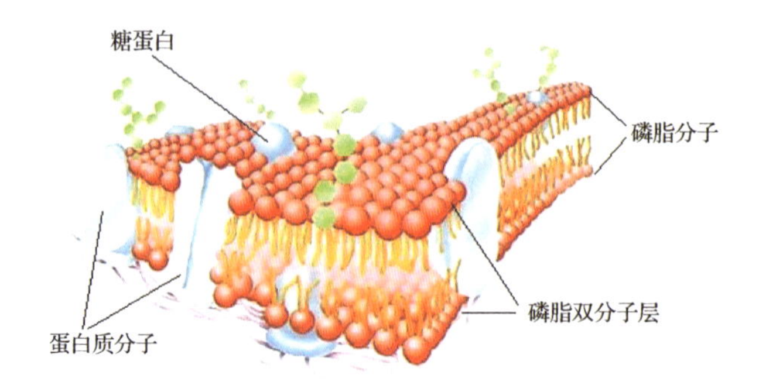

图 5-1-4　生物膜流动镶嵌模型

子显微镜下显示 3 层结构的膜称为单位膜(图 5-1-4)。

质膜的主要功能：①调节物质进出原生质体；②协调细胞壁物质的合成和组装；③进行植物激素和与细胞生长、分化有关的环境信号的转导。

3. 细胞核

细胞核常常是真核细胞原生质体中最显著的结构。细胞核具有两方面的重要功能：①细胞核贮存着细胞发育的遗传信息，并通过细胞分裂把遗传信息传递给子细胞；②细胞核通过控制蛋白质的合成协调细胞的代谢活动。

染色质是细胞中遗传物质存在的主要形式，其主要成分是 DNA 和蛋白质。细胞核中的核仁是核糖体 RNA 的合成、加工及核糖体亚单位的装配场所(图 5-1-5)。

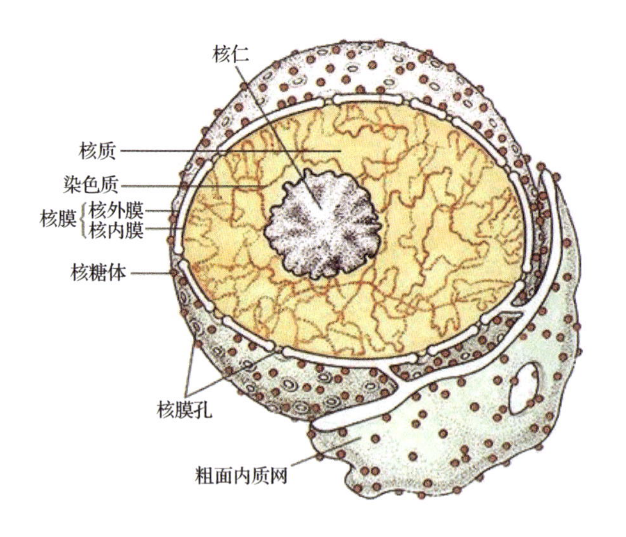

图 5-1-5　细胞核结构模型

4. 质体

质体是一类与糖类的合成和贮藏密切相关的细胞器，是植物细胞特有的细胞器。质体由双层膜包被，根据所含色素的不同，可将成熟的质体分为叶绿体(图5-1-6)、有色体和白色体，它们的区别见表5-1-1。

表5-1-1 质体类型

质体类型	色 彩	功 能
叶绿体	绿色	光合作用
有色体	黄－红色	积累脂类和淀粉
白色体	无色	合成淀粉、脂肪、蛋白质

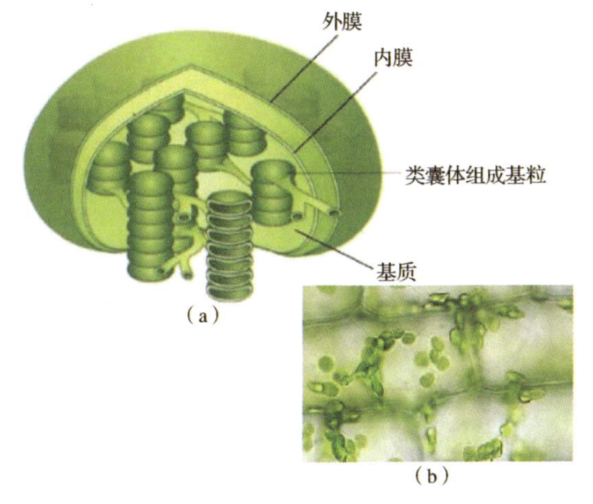

图5-1-6 叶绿体结构模型

(a)叶绿体结构示意 (b)电子显微镜下的叶绿体

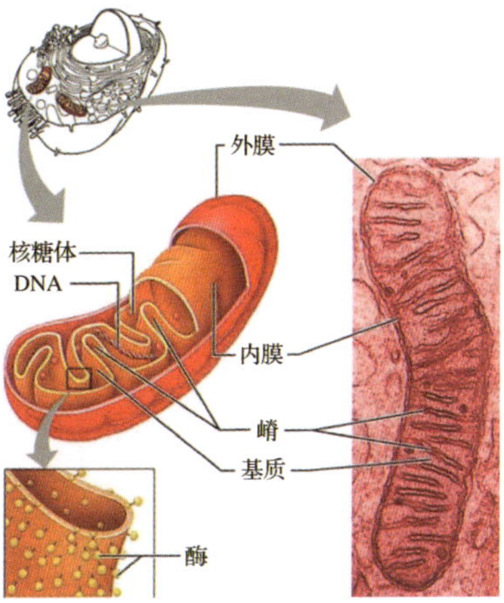

图5-1-7 线粒体结构模型

5. 线粒体

线粒体是由双层膜包被的细胞器，其内层向内褶皱，称为嵴；在线粒体内部还有核糖体颗粒，这些颗粒或游离，或附着于嵴(图5-1-7)。

线粒体是呼吸作用发生的场所，它把有机物降解为细胞的各种代谢活动提供能量和中间产物，线粒体在细胞内总是聚集在需要能量的地方。因此，线粒体又被称为“动力工厂”。

6. 微体

与线粒体和叶绿体不同，微体是单层膜包被的细胞器，通常有过氧化物酶体和乙醛酸体两种。过氧化物酶体与叶绿体、线粒体相配合，参与光合作用；乙醛酸体在许多种子，尤其是油料种子萌发中，与圆球体和线粒体配合，把脂肪酸转化成糖类。

7. 圆球体

圆球体是膜包被的球状小体，是一种贮藏细胞器，当大量脂肪积累后，圆球体变成透明的油滴，内部颗粒消失。圆球体中含有脂肪酶，在一定条件下，可将脂肪水解成甘油和脂肪酸。

8. 液泡

液泡与质体和细胞壁一起构成了植物细胞区别于动物细胞的三大特征结构。液泡由一层液泡膜包被，其中充满细胞液。未成熟的植物细胞通常具有许多小液泡，随着细胞的扩大，这些小液泡不断增大，并融合成一个大的中央液泡。细胞生长过程中细胞体积的增大主要取决于液泡的扩大(图 5-1-8)。

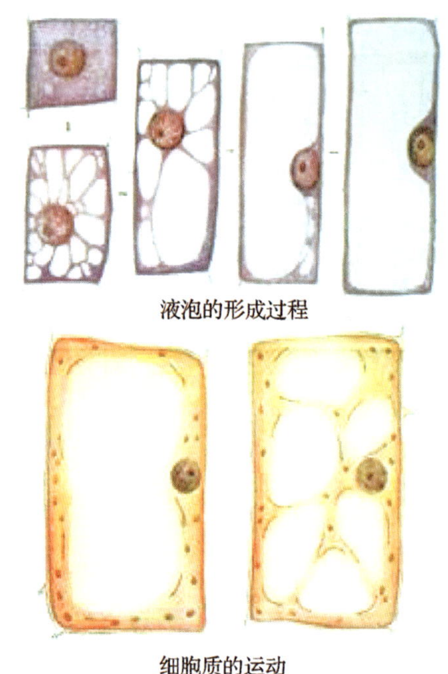

液泡的形成过程

细胞质的运动

图 5-1-8 液泡

细胞液的主要成分是水，通常液泡中含有各种盐和糖，往往呈弱酸性；液泡中还常含有花青素，其显色状况与细胞液的 pH 值有关，通常酸性时呈红色，碱性时呈蓝色，中性时呈紫色，从而使花瓣、果实或叶片在特殊条件下可显现出红、紫、蓝等不同颜色。液泡是细胞代谢产物的贮藏场所。

9. 核糖体

核糖体主要成分为蛋白质和 RNA。核糖体是细胞合成蛋白质的场所，在代谢旺盛的细胞中大量存在。在细胞质中，核糖体既可游离存在，也可附着在内质网上。

10. 内质网

内质网为双层膜结构，通常把附着核糖体的内质网称为糙面内质网；在分泌脂类物质的细胞中，内质网表面缺乏核糖体，称为光面内质网(图 5-1-9)。

内质网是细胞内的通信系统，还兼有胞内物质运输通道的作用，也是细胞中合成膜的重要场所。

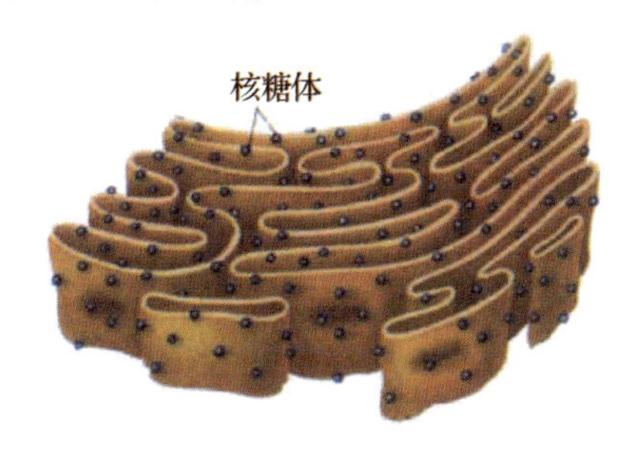

图 5-1-9　糙面内质网结构模型

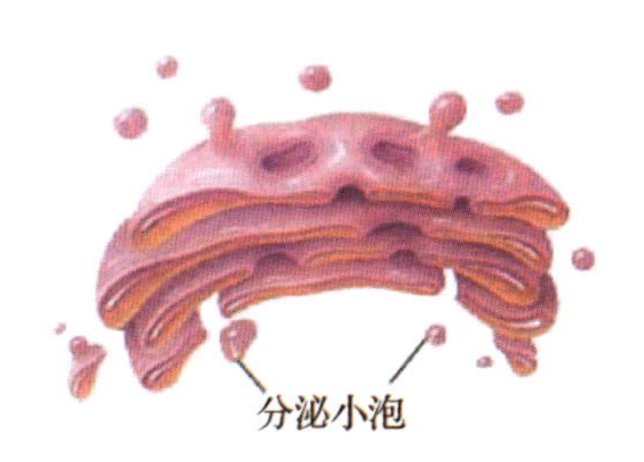

图 5-1-10　高尔基体结构模型

11. 高尔基器

高尔基器是细胞中高尔基体的总称，高尔基体由一叠扁平、碟形的泡囊所组成，高尔基体与分泌作用有关，大多数高等植物细胞中的高尔基体参与细胞壁物质的合成。但高尔基体分泌的物质并不总是由高尔基体合成的(图 5-1-10)。

12. 细胞骨架

细胞骨架是指真核细胞中的蛋白纤维网架体系，在植物细胞中主要包括微管和微丝(图 5-1-11)。

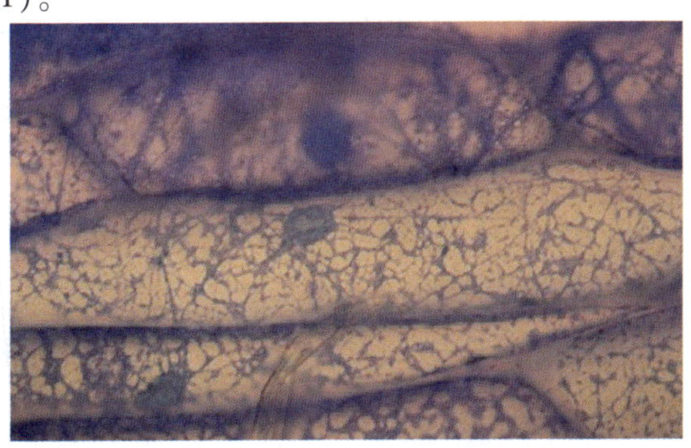

图 5-1-11　细胞骨架(电子显微镜下)

13. 后含物

后含物是细胞代谢的产物，其中一些是贮藏物质，另一些可能是废物。

三、植物的组织类型

具有相同生理功能和形态结构的细胞群，称为组织。植物的组织有分生组织、保护组织、薄壁组织、输导组织、机械组织和分泌组织。

(一)分生组织

1. 分生组织的概念

凡是永久地或较长时期地保持细胞分裂能力，能够产生新细胞的细胞群称为分生组织。

2. 分生组织的特点

细胞较小，排列紧密，壁薄，质浓，核大，无液泡或仅有小液泡(侧生分生组织例外)。

3. 分生组织的类型

(1)按位置分　根据在植物体上的位置，可以把分生组织区分为顶端分生组织、侧生分生组织和居间分生组织(图 5-1-12)。

①顶端分生组织　位于茎与根主轴和侧枝的顶端。它们的分裂活动可以使根和茎不断伸长，并在茎上形成侧枝和叶。

②侧生分生组织　位于根和茎侧方的周围部分，靠近器官的边缘。它包括形成层和木栓形成层。侧生分生组织主要存在于裸子植物和木本双子叶植物中，在单子叶植物中侧生分生组织一般不存在，因此，草本双子叶植物和单子叶植物的根和茎没有明显的增粗生长。

③居间分生组织　夹在多少已经分化了的组织区域之间的分生组织，它是顶端分生组织在某些器官中局部区域的保留。典型的居间分生组织存在于许多单子叶植物的茎和叶中。

(2)按来源的性质分　根据分生组织来源的不同，可分为原分生组织、初生分生组织和次生分生组织。

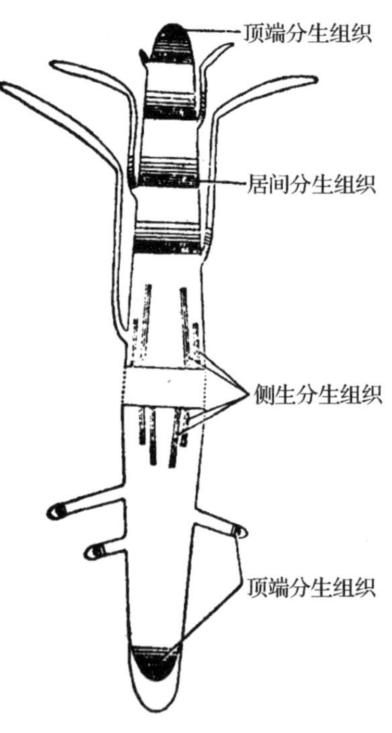

图 5-1-12　分生组织分布

①原分生组织　是由胚细胞保留下来的，一般具有持久而强烈的分裂能力。位于根端和茎端较前的部分。

②初生分生组织　是由原分生组织刚衍生的细胞组成，仍具有很强的分裂能力，可看作是由分生组织向成熟组织过渡的组织。

③次生分生组织　是由成熟组织的细胞，经历生理和形态上的变化，脱离原来的成熟状态(反分化)，重新转变而成的分生组织。

(二)成熟组织

1. 成熟组织的概念

分生组织衍生的大部分细胞，逐渐丧失分裂的能力，进一步生长和分化，形成的其他组织，称为成熟组织，也称永久组织。

2. 成熟组织的类型

按照功能和结构的不同，分为保护组织、薄壁组织、机械组织、输导组织和分泌组织。

(1)保护组织　覆盖植物体表，起保护作用的组织。它的作用是减少体内水分的蒸腾，控制植物与环境的气体交换，防止病虫害的侵袭和机械损伤。其特点是细胞排列紧密，无细胞间隙，外壁常加厚，且栓质化、角质化等。

保护组织分为表皮和周皮两种。

①表皮　又称表皮层，是幼嫩的根和茎、叶、花、果实等的表面层细胞。一般只有一层细胞。

②周皮　是取代表皮的次生保护组织，存在于有加粗生长的根和茎的表皮。木栓层、木栓形成层和栓内层三者合称周皮，代替破坏、脱落的表皮行使保护功能。

(2)薄壁组织　薄壁组织广布于植物体中，是植物体的重要组成部分。细胞多呈等径的多面体形。其主要特点是细胞壁薄，有细胞间隙，其生理机能主要与植物的营养生活有关，所以又叫营养组织或基本组织。薄壁组织是植物体组成的基础。

根据薄壁组织的特殊生理机能，主要分以下几种：

①同化组织　主要分布在叶和幼茎等的绿色部分，细胞内含有大量的叶绿体进行光合作用。

②贮藏组织(包括贮水组织)　贮藏大量营养物质的薄壁组织。细胞内常含有淀粉、脂肪、蛋白质等有机物。有的具有较大的液泡，可贮水。

③吸收组织　根尖表皮细胞的外壁突出伸长，形成根毛，吸收土壤中的水分和无机盐类。

④通气组织　在水生的或湿生植物中，细胞间隙特别发达，在体内形成一个相互贯通的通气系统，使氧气能通过它进入根中。通气组织还与水中的浮力和支持作用有关。

另外还可以传递细胞，负责短途运输。

(3)机械组织　是对植物起支持作用的组织，所以又叫支持组织。它有很强的抗压、抗张和抗曲挠的能力。植物能有一定的硬度，枝干能挺立，树叶能平展，能经受住狂风暴雨及其他外力的侵袭，都与这种组织的存在有关。

根据细胞结构的不同，机械组织可以分为厚角组织和厚壁组织两类。

①厚角组织　最明显的特征是细胞壁具有不均匀的增厚，而且这种增厚是初生壁性质的，壁的增厚通常在几个细胞邻接的角隅处特别明显，故称厚角组织。

②厚壁组织　与厚角组织不同，细胞具有均匀增厚的次生壁，并且常常木质化。细胞成熟时，原生质体通常死亡分解，成为只留有细胞壁的死细胞。

根据细胞形态，厚壁组织可分为纤维和石细胞两种类型。

(4)输导组织　是植物体内运输水分和各种物质的组织。输导组织的特征是细胞呈长管状，以不同的方式组成互相联系的系统。输导组织的产生，对于植物的陆生生活有决定性的作用。根从土壤中吸收的水分和无机盐类，由它们运送到地上部分。叶的光合作用的产物，由它们运送到根、茎、叶、花、果实中去。植物体各部分之间经常进行的物质的重新分配和转移，也要通过输导组织来进行。

输导组织由两部分组成：输导水分以及溶解于水中的矿物质的导管和管胞(存在于木质部中)。

(5)分泌结构　植物体内有些细胞可以产生一些特殊物质，如蜜汁、黏液、乳汁等，这些细胞叫作分泌细胞。分泌细胞有的单独存在，有的成群，成群的称为组织，单个的称为结构。

根据分泌结构的位置和分泌物是否排除体外，分泌结构可分为两大类：

①外分泌结构　这类结构位于植物器官的外表，其分泌物能直接分泌到植物体外。常见的外分泌结构有腺表皮、腺毛、蜜腺和排水器等。

②内分泌结构　埋藏在植物的基本组织内。分泌物存在于细胞间隙中，不排出体外。包括分泌细胞、分泌腔和分泌道、乳汁管 。

知识拓展

根据细胞的结构和生命活动的主要方式，可以把构成生命有机体的细胞分为两大类，即原核细胞和真核细胞。原核细胞没有典型的细胞核，通常体积很小，直径为0.2～10μm不等。由原核细胞构成的生物称原核生物，几乎所有的原核生物都是由单个原核细胞构成。真核细胞具有典型的细胞核结构，同时还分化出以膜为基础的多种细胞器。由真核细胞构成的生物称为真核生物，高等植物和绝大多数低等植物均由真核细胞构成。

一、植物细胞的细胞周期与增殖

（一）细胞周期

细胞增殖是生命的主要特征，对于单细胞植物而言，通过细胞分裂可以增加个体的数量，繁衍后代；对于多细胞有机体来说，细胞分裂与细胞扩大构成了有机体生长的主要方式。

通常细胞分裂并不是连续不断地进行的，两次连续分裂之间通常有一个间隔时期。细胞由一次分裂中期到下一次分裂中期的全部历程称作细胞周期（cell cycle），一个完整的细胞周期包括分裂间期和分裂期两个阶段。

分裂间期：是从前一次分裂结束到下一次分裂开始的一段时间，间期细胞进行着一系列复杂的细胞活动，为细胞分裂做准备。细胞分裂结束后，细胞生理活动的主要特征是细胞体积增大，各种细胞器、内膜结构和其他细胞成分的数量迅速增加，合成DNA、各种组蛋白和其他DNA有关蛋白。

分裂期（M期）：由核分裂和胞质分裂两个阶段构成，核分裂就是细胞核一分为二，产生两个在形态和遗传上相同的子细胞核的过程；胞质分裂则是指两个新的子核之间形成新细胞壁，把一个母细胞分隔成两个子细胞的过程。

（二）细胞分裂

细胞分裂是个体生长和生命延续的基本特征。目前，在植物中主要存在3种不同的细胞分裂方式，即有丝分裂、无丝分裂和减数分裂（表5-1-2）。

表5-1-2　细胞不同分裂方式

	有丝分裂	无丝分裂	减数分裂
分裂过程和结果	只进行1次分裂，1个母细胞变2个子细胞，子细胞的染色体数目和遗传物质与母细胞完全一致	只进行1次分裂，1个母细胞变2个子细胞，分裂过程中没有染色体出现，是快速简单分裂	进行2次连续分裂，第一次分裂使同源染色体分开，第二次分裂使姊妹染色单体分开。最终，1个母细胞变4个子细胞，子细胞的染色体数目比母细胞的减少一半

（续）

	有丝分裂	无丝分裂	减数分裂
发生的部位	主要发生在根尖和茎尖	主要发生于愈伤组织、不定根、胚乳等部位	发生于产生大小孢子时，即生殖细胞的部位，如花的雄蕊内（幼嫩花药内），花的雌蕊内（胚珠内）等
发生的时间和强度	除短暂的休眠期外，终身发生，强度大	除短暂的休眠期外，终身都可以发生，强度不大	只发生于有性生殖之前，如开花时，时间较短，有明显季节性，强度不大
与植物生长的关系（作用和意义）	使植物体的体积长大（伸长和增粗）	意义不太清楚，可能与快速形成某些特殊组织有关	产生大小孢子，完成有性生殖，保证物种遗传的稳定性和变异性，生物由此能够进化

1. 有丝分裂

有丝分裂是一个复杂而连续的过程，根据形态学特点，可以人为地把整个分裂过程分成4个时期，即前期、中期、后期和末期（图5-1-13）。

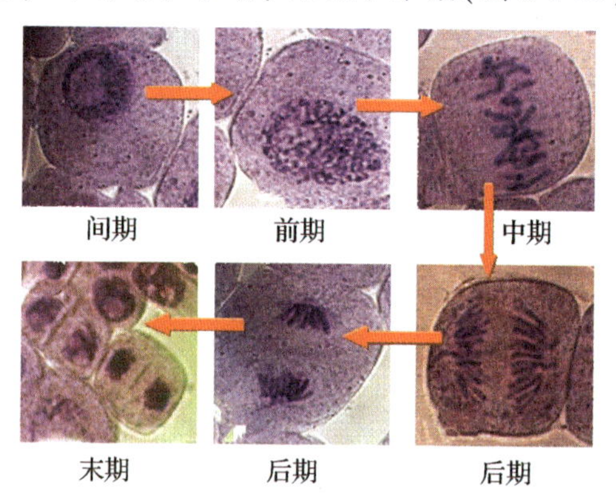

图5-1-13　细胞有丝分裂

前期：是有丝分裂开始时期，其主要特征是染色质逐渐凝聚成染色体，核仁变得模糊以至最终消失，几乎同时，核膜也全面瓦解。

中期：细胞特征是染色体排列到细胞中央的赤道板上，纺锤体明显。严格地讲，是各染色体的着丝点排列在赤道板上，而染色体的其余部分在两侧任意浮动。

后期：细胞特征是染色体分裂成两组子染色体，并分别朝相反的两极运动。

末期：细胞特征是染色体到达两极，核膜、核仁重新出现。至此，细胞核分裂结束。

有丝分裂是植物中普遍存在的一种细胞分裂方式，在有丝分裂过程中，每次核分裂前必须进行一次染色体的复制，在分裂时，每条染色体裂为两条子染色体，平均地分配给两个子细胞，这样就保证了每个子细胞具有与母细胞相同数量和类型的染色体且保证了子细胞与母细胞具有相同的遗传潜能，保持了细胞遗传的稳定性。

2. 无丝分裂

无丝分裂也称为直接分裂，分裂时，细胞核的变化不像有丝分裂那样复杂。细胞分裂开始时，细胞核伸长，中部凹陷，最后中间分开，形成两个细胞核，在两核中间产生新壁形成两个细胞(图 5-1-14)。

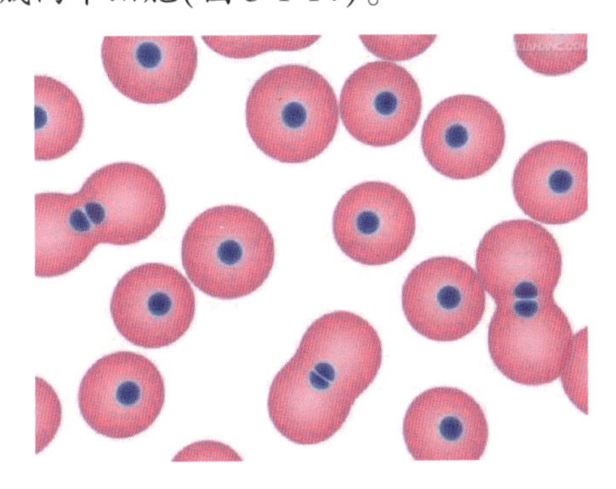

图 5-1-14　细胞无丝分裂

3. 减数分裂

减数分裂是与有性生殖过程密切相关的一种细胞分裂方式。在减数分裂过程中，性母细胞连续分裂两次，但 DNA 只复制一次，因而同一母细胞连续两次分裂产生的 4 个子细胞都只含有母细胞染色体数目的一半。减数分裂与普通有丝分裂一样也涉及染色体的复制、染色体的分裂和运动等，所不同的是减数分裂过程中连续发生两次分裂，但 DNA 只复制一次；并且，减数分裂过程中的第一次分裂比普通有丝分裂要复杂得多。至此，无论从 DNA 含量还是从染色体数目上看，子细胞都是单倍体的。

二、细胞的分化

在多细胞生物中，细胞的功能是有分工的，与之相适应的，在细胞形态上就出现各种变化，细胞这种结构和功能上的特化，称为细胞的分化。

细胞的分化可以根尖为例来说明。在根尖的根冠内是分生区，细胞具有较强的分裂能力，细胞等直径，壁薄，核大，质浓，无液泡。往上是伸长区，细胞逐渐伸长。再往上是成熟区，细胞间的差别比较明显，最外侧细胞较扁，有些细胞在与土壤相接触处，壁向外突起、伸长成为根毛。中央的细胞很大、很长，壁出现了不均匀的次生加厚，原生质体瓦解，形成导管，在这一区域内的细胞已长大定型，各层细胞有着各自的生理机能和形态结构的特点。

细胞分化使多细胞植物中细胞功能趋向专门化，这样有利于提高各种生理功能的效率，因此，分化是进化的表现。

任务二　观察植物器官微观构造

任务说明

任务内容：绘制植物微观结构手绘图(器官)。

学习内容：学习器官的初生结构和次生结构，理解初生生长和次生生长，通过显微镜观察和绘制手绘图完成任务。

通过显微镜观察植物根、茎、叶的微观结构，理解植物初生生长和次生生长。

初生生长：由顶端分生组织及其衍生细胞的增生和成熟所引起的生长过程。主要表现为植物体长度的增加，故也称伸长生长。

次生生长：由于形成层的活动产生各种次生组织，使植物体直径逐年加粗的生长。

一、根的观察

(一)根尖分区的观察

1. 实验材料的准备

实验前5～7天，用几个培养皿，内铺以滤纸，再注入适量的水湿润滤纸，将向日葵、鸢尾、小麦等籽粒均匀地排在湿润的滤纸上，并加盖，然后放入培养箱内或温暖的地方，温度保持15～25℃，待根尖长到1～15cm时，即可观察。

2. 外形的观察

选取生长良好、较直的根尖用刀片从有根毛处切下，用镊子把根尖置于载玻片上，不要加水，然后用肉眼或放大镜进行观察。根尖最先端淡黄色略透明的部分是根冠；根冠内方不甚透明的部分是分生区；着生根毛的部分为根毛区；根毛区和分生区之间透明而光亮的部分为伸长区。

3. 根尖分区的内部结构

取洋葱根尖纵切片，在显微镜下观察，比较各区的细胞特点。

（二）根的初生结构

1. 双子叶植物的初生结构

取棉花根毛区横切片观察下列结构：

（1）表皮　为最外一层排列紧密、无细胞间隙的细胞，细胞略呈方形，细胞壁薄，有些细胞的外壁向外突出形成根毛。思考它们分别属于何种组织。

（2）皮层　占幼根横切面的大部分，由许多大型薄壁细胞组成，具细胞间隙。皮层从外向内可分为外皮层、皮层薄壁细胞和内皮层三大部分。注意内皮层细胞壁一定位置上有无点状增厚？

（3）维管束　是内皮层以内的中央部分，包括维管束鞘、初生木质部、初生韧皮部和薄壁细胞 4 个部分。

①维管柱鞘　是维管柱最外面与内皮层相连的一层薄壁细胞。

②初生木质部　在维管柱鞘以内可见到 4～5 束细胞壁较厚，在永久制片中被染成红色的细胞群，即为初生木质部。每束靠外面直径，较小的细胞为原生木质部，靠轴心直径较大的细胞为后生木质部，为外始式。

③初生韧皮间　是在初生木质部之间的小型细胞群，在永久制片中常被染成绿色或蓝色，与初生木质部相间排列。

④薄壁细胞　位于初生木质部之间的小型细胞群，为几列薄壁细胞，具有分裂的潜在功能，在有些制片中，已开始恢复分裂能力，转变为维管形成层的一部分。棉花幼根的中央部分，当初生木质部分化完成时，中央无髓；当分化未完成时，中央是未分化成导管的薄壁细胞。

2. 单子叶植物根的结构

取小麦根区横切面永久制片，先在低倍镜下观察小麦根横切面的各部分，然后转高倍镜观察各部分的细胞特点。

（1）表皮　为最外一层细胞，排列紧密的细胞向外形成根毛。

（2）皮层　最外一层较大的薄壁细胞为外皮层，以内为 3～4 层厚壁细胞，再向内为数层薄壁细胞，最内一层为内皮层，其径向壁、横壁和内切向壁加厚，横切面呈马蹄形，对着原生木质部的内皮层细胞，常为薄壁细胞，称为通道细胞。较老部位有时见不到通道细胞。

(3)维管柱

①维管柱鞘　为内皮层以内细胞壁加厚的一层细胞。

②初生韧皮部　常有5～6个大的后生木质部导管，原生木质部是多原型的，导管直径较小。

③初生韧皮部　位于原生木质部之间，细胞小而壁薄。

④在次生根制片中，中央部分常为髓。

(三)双子叶植物根的次生结构

取棉花老根横切面制片，先在低倍镜下观察，识别出周皮、次生韧皮部、维管形成层、次生木质部各部位，然后换高倍镜观察各部分的细胞特点。

1. 周皮

位于根的最外面、横切面细胞呈扁平长方形，排列整齐，无细胞间隙，在永久制片中染成褐色或绿色。注意周皮由哪几部分组成。

2. 次生韧皮部

位于周皮以内维管束形成层以外。有许多大形的薄壁细胞，在横切面上排列成漏斗状，这是射线扩大的部分，其中可见分泌腔。小而壁厚被染成蓝色的细胞为韧皮纤维；其他薄壁细胞为筛管、伴胞和韧皮薄壁细胞。还有放射状排列的细胞为韧皮射线。

3. 维管形成层

位于次生木质部和次生韧皮部之间，为数层砖形扁平的薄壁细胞，排列紧密。实际上，形成层只有一层细胞，因它向内外分裂的细胞尚未分化成熟，形状与形成层细胞相似，故见到多层，一般称为"形成层区"。

4. 次生木质部

位于次生韧皮部以内，占横切面的大部分。其中许多口径大而被染成红色的细胞是导管。导管常呈束存在，壁较厚。口径较小的细胞为木纤维，其中还有辐射排列、由2～3列细胞组成的木射线，其细胞充满营养物质。

5. 初生木质部

位于次生木质部以内，切片的中央部分，也被染成红色，导管的口径小。它们排成辐射状。

知识链接

根的初生生长和次生生长

(一)根尖的构造和发育(图5-2-1)

根尖：从根的最先端到着生根毛的的部位称为根尖，一般长为0.5～1.0cm。根尖是根生命活动中最重要的部分，根的伸长生长和吸收作用就由根尖完成。从位置、形态、结构和功能等方面，根尖可以大致分为4个区段。

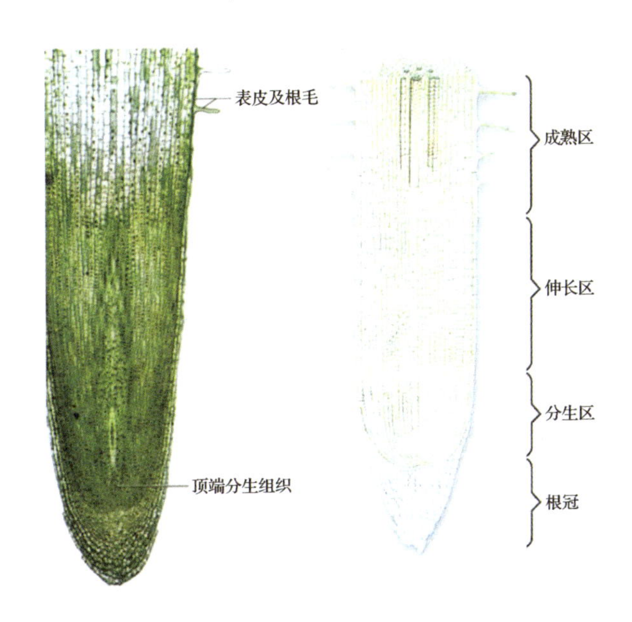

图5-2-1　根尖的结构

根冠：位于根尖最顶端，形似帽套，由薄壁细胞构成，细胞不能分裂，细胞较大，排列不整齐，细胞核小。有2个功能：①能分泌黏液，使根尖易于在土壤中生长，保护根的分生区。②根冠细胞通常含有淀粉粒，起到平衡石的作用，与根的向地性生长有关。

分生区：(生长锥)位置仅靠近根冠，长度为1～2mm，是典型的顶端分生组织，进行旺盛的细胞分裂。

伸长区：位于分生区之后，其细胞的分裂能力减弱，但是细胞迅速伸长，即边分裂边分化。

成熟区：位于伸长区之后，其表皮细胞分化出根毛，内部已经分化形成初生构造，即内部分化出初生木质部和初生韧皮部等初生结构。根的吸收作用主要由这一区段完成(图5-2-2)。

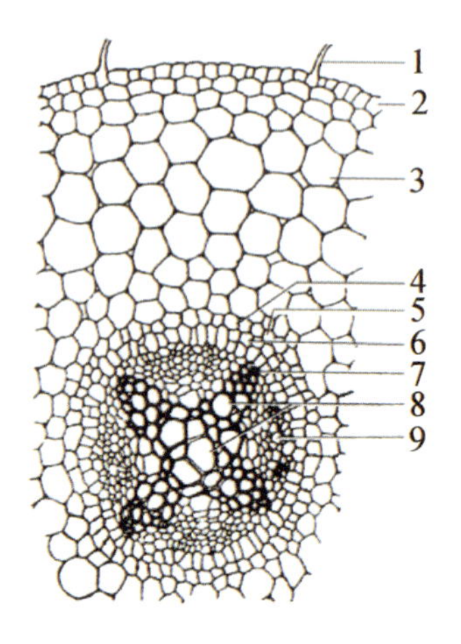

图5-2-2 根的横切示意图

1. 根毛 2. 表皮 3. 皮层薄壁组织 4. 凯氏点 5. 内皮层 6. 中柱鞘 7. 初生木质部 8. 次生木质部 9. 初生韧皮部

(二) 双子叶植物根的初生结构(表5-2-1)

1. 部位

根毛区是典型初生结构的部位。

2. 根的初生结构

包括表皮、皮层、维管柱三大部分。

(1)表皮 最外一层，细胞壁薄，细胞质浓，没有间隙，没有角质化，没有角质层，具有根毛，增大与土壤的接触面积，属于吸收组织。

(2)皮层 多层，细胞壁薄，细胞间隙发达，横向运输。细胞从外到内变化的规律是：小—大—小、密—疏—密。皮层包括以下三部分：

①外皮层

特点：一到数层细胞，小，排列紧密。

功能：代替表皮起保护作用。

②皮层薄壁组织

特点：比例较大，排列疏松，具明显胞间隙。

功能：横向运输通道，具贮藏和通气作用。

③内皮层　重点强调内皮层的结构和功能。

特点：一层细胞，小，排列紧密，形成凯氏带(横向壁、纵向壁增厚，切向壁未增)。

功能：对根内水分和物质运输起选择控制作用。

(3)维管柱(中柱)　包括中柱鞘和初生维管束。

中柱鞘：紧靠内皮层，细胞小，通常壁薄，能恢复分裂能力产生侧根、部分形成层、木栓形成层和不定芽等。侧根产生于中柱鞘，称为内起源。

初生维管束：包括初生木质部和初生韧皮部。初生韧皮部和初生木质部之间由薄壁细胞层隔开，以后可以恢复分裂能力成为形成层。

表 5-2-1　双子叶植物根的初生结构

	初生木质部	初生韧皮部
位置	位于中央，具有放射性的若干个角，称为辐射维管束	相间排列于初生木质部的放射性“角”之间
成分	导管(有些有少量的木纤维、木薄壁细胞)，细胞发育成熟是由外到内的。意义：缩短水分横向运输的距离	筛管、半胞(有些有少量的木纤维、木薄壁细胞)
功能	输导水分和无机盐	输导有机物

(三)根的次生生长(图 5-2-3)

单子叶植物的根一直停留在初生结构阶段，即只能伸长、不能增粗，直至死亡。多数双子叶植物的根，不仅能伸长生长产生初生结构，而且还能增粗生长产生次生结构(由次生分生组织——维管形成层与木栓形成层的活动产生)。

1. 次生维管组织

(1)维管形成层的发生和活动　形成层的发生主要由初生木质部与初生韧皮部之间的薄壁细胞转化。

(2)次生维管组织的构成　形成层的活动产生次生维管束，包括次生木质部、次生韧皮部、次生射线(维管射线)。

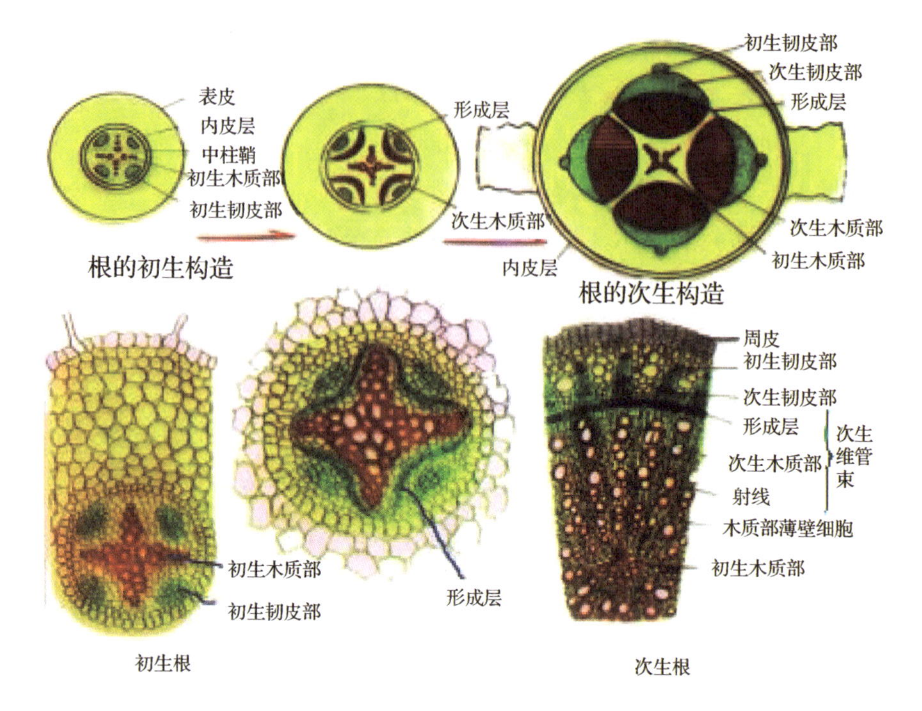

图 5-2-3 次生结构发生示意图

2. 周皮的形成

周皮由木栓形成层而来；木栓形成层由中柱鞘发生而来。木栓形成层的活动产生周皮，包括木栓层、木栓形成层本身和栓内层。

二、茎的观察

(一)芽的基本结构

取大叶黄杨或丁香芽纵切片在显微镜下观察。

茎尖生长锥(原分生组织)：位于芽的顶端部位。

叶原基：位于生长锥下方的小突起，将来发育成幼叶。

腋芽原基：位于幼叶的腋间。

(二)茎的初生结构

1. 双子叶植物茎的初生结构

取向日葵茎或大理菊茎横切片，观察下列各部分：

(1) 表皮　为茎的最外一层细胞，较小，排列紧密，其上有表皮毛和气孔器。

(2) 皮层　在表皮以内，维管柱以外，由多层厚角组织和薄壁组织构成，常含叶绿体。在薄壁组织中有分泌腔。

(3) 中柱(维管柱)　是皮层以内的所有部分，包括维管束、髓射线和髓。

① 维管束　多成束存在，在横切面上排列成一环，每个维管束都由初生韧皮部、束中形成层和初生木质部三部分组成。注意韧皮部和木质部的排列方式与根有何不同。

② 髓射线　为各维管束之间的薄壁组织，是连接皮层与髓的薄壁组织。

③ 髓　维管束内方，茎的中央部分，由大量圆形的薄壁细胞组成。

2. 单子叶植物茎的初生构造

单子叶植物大多数只有初生结构，没有次生结构。取玉米和小麦茎横切制片，在显微镜下观察：

(1) 表皮　为茎最外面的一层细胞，其外被有角质层。

(2) 下表层　为表皮下方的几层小型细胞或厚壁细胞。

(3) 基本组织　为下皮层以内的所有薄壁组织，细胞较大，具细胞间隙，其中散生许多维管束。

3. 维管束

散生于薄壁组织中，注意维管束在茎中排列特点，详细观察一个维管束的结构，识别次生韧皮部、初生木质部和维管束鞘，注意有无形成层。

(三) 双子叶植物茎的次生结构

取椴树茎横切制片在低倍镜下观察。

1. 表皮

表皮是否存在，完整或被挤破。

2. 周皮

表皮下数层扁平的木栓细胞，排列整齐，染成红褐色的为木栓层；紧接木栓层的一、二层薄壁细胞，很扁平的为木栓形成层。在木栓形成层内方的一、二层生活细胞，常含有叶绿体，即栓内层。

3. 维管柱

(1) 韧皮部　先找到呈圆环状的形成层环，其外围是次生韧皮部，注意识别韧皮纤维、韧皮射线、筛管和伴胞等。思考初生韧皮部应在哪个部位，能看见吗？为什么？

(2) 形成层　位于韧皮部与木质部之间，呈圆环状，由扁平的排列紧密的一层或几层具有分生能力的细胞组成。

(3) 木质部　在形成环以内，次生木质部由同心环状年轮构成。每一年轮中靠里面的细胞较大，细胞壁加厚是一生长季中早期长成的，称早材，靠外面的细胞小，胞壁加厚程度高，是后期形成的，称晚材。次生木质部中有许多木射线通过，与韧皮射线相连，均为薄壁细胞。思考初生木质部应在哪个部位。

(4)髓　在维管柱中央，由薄壁细胞组成。

知识链接

茎的初生生长和次生生长

(一)茎的初生生长

顶端生长：在生长季节，顶端分生组织细胞不断进行分裂、伸长生长和分化，使茎的节数增加，节间伸长，同时产生新的叶原基和腋芽原基。这种由于顶端分生组织的活动而引起的生长称为顶端生长(apical growth)。

居间生长：某些植物茎的伸长除了顶端生长外，还伴有居间生长。随着居间分生组织细胞的分裂生长和分化成熟，节间明显伸长。这种生长方式称为居间生长。例如，冬小麦的冬前生长仅是顶端生长，向顶依次形成叶原基、腋芽原基和芽，但节间不伸长，形成密集的节和分蘖。春季生长时，苗端又分化出少数几个节和节间、叶和芽后，苗端就转化为花芽，顶端生长停止。此时遗留在节间的居间分生组织开始进行居间生长，即栽培学中的拔节时期。拔节停止，表明茎的组织全部成熟和居间分生组织的消失。

居间分生组织通常位于节间的基部，如禾本科、石竹科、蓼科、石蒜科等植物。有些植物的居间分生组织位于节间顶部，如薄荷。此外，居间分生组织也可存在于茎以外的器官中。

(二)茎的初生结构和次生结构

初生结构：由茎的顶端分生组织通过细胞分裂所产生的细胞，长大分化形成的各种结构叫初生结构。顶端分生组织包括原分生组织和初生分生组织，由它们形成的初生结构是表皮、皮层和维管柱，在形成初生结构的过程中，茎进行顶端生长。所有种子植物的茎，都具有初生结构(图 5-2-4)。

次生结构：由茎的侧生分生组织通过细胞分裂所产生的细胞，长大分化而形成各种结构叫作次生结构。侧生分生组织包括形成层和木栓形成层，由它们形成的次生结构是次生木质部、次生韧皮部和周皮。在形成次生结构过程中，茎进行加粗生长。在双子叶植物中，木本种类和一部分草本种类具有次生结构，而单子叶植物的绝大多数，都没有次生结构(图 5-2-5)。

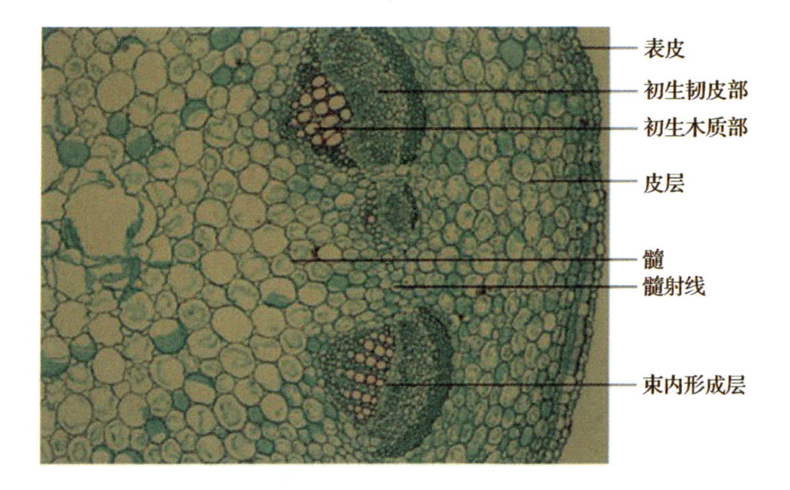

图 5-2-4　茎的初生结构

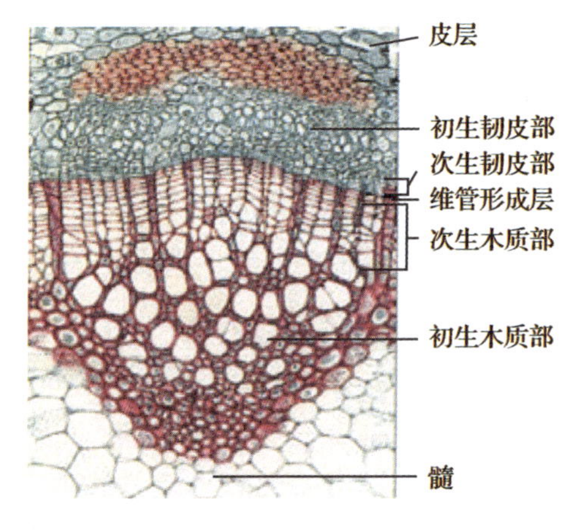

图 5-2-5　茎的次生结构

植物的茎和根是连通的，这两者的初生结构和次生结构是相似的。

1. 双子叶植物茎的初生结构和次生结构(图 5-2-6)

表皮：幼茎最外面的一层活细胞，是茎的初生保护组织。细胞多呈长方体状，排列紧密，没有细胞间隙。一般不含叶绿体。有些植物的表皮细胞含有花青素，可使幼茎呈现出紫红的颜色。

皮层：在茎的表皮层之内，来源于茎尖的基本分生组织，由多层细胞构成。常包括多种组织，结构比根复杂，除主要的薄壁组织外，还有厚角组织和厚壁组织，能起支持幼茎的作用。有时含有叶绿体，使幼茎呈现绿色。和根的皮层相比，茎的皮层在横切面上占有较小的宽度。多数植物茎的内皮层不明显，细胞不

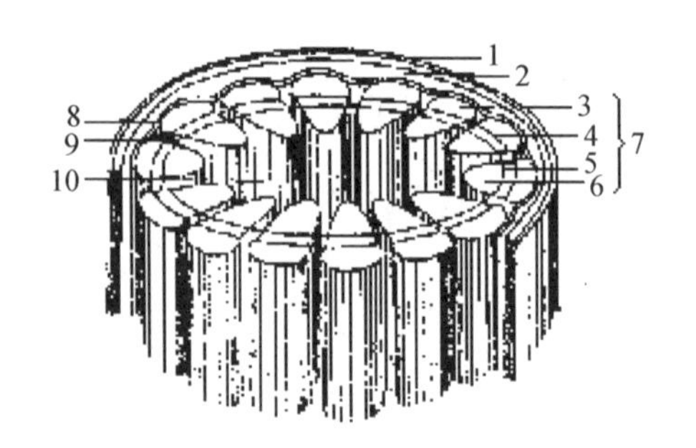

图 5-2-6　双子叶植物茎的初生结构

1. 表皮　2. 皮层　3. 韧皮纤维　4. 初生韧皮部　5. 形成层
6. 初生木质部　7. 维管束　8. 维管柱　9. 髓射线　10. 髓

具凯氏带。

维管柱：整个茎的中轴部分，由茎尖的原形成层发育而来，过去称中柱。包括内皮层以内的全部初生结构，它占有较大的面积，这一点和根的维管柱不同。可分为初生维管束、髓射线和髓三部分。①初生维管束：呈束状，彼此分开，每个初生维管束由初生韧皮部、束中形成层和初生木质部三部分组成。②髓射线：位于皮层和髓之间，在横切面上，呈放射状，有横向运输和贮藏营养物质的作用。一般草本植物的髓射线较宽，维管束数目不多，在茎中往往松散排列为一圈，而木本植物的维管束数目多，排列紧密，呈筒状，髓射线较窄。③髓是茎的中心部分，多为薄壁组织，有贮藏作用。

2. 单子叶植物茎的初生结构

包括表皮、基本组织和维管束三部分。维管束星散分布于基本组织之中，因此没有皮层和髓的区分，也没有髓射线的存在。一般维管束在基本组织中的排列有两种主要方式：一类是维管束星散地排列在整个基本组织中，中央无髓腔，如甘蔗、玉米和高粱等茎的节间；另一类是维管束分布在茎的周围，有规则地在基本组织中排列成两圈，茎中心是髓腔，所以它们的节间是中空的，如小麦、水稻和大麦等。单子叶植物的维管束一般没有形成层。因此，大多数单子叶植物茎终生只具有初生结构，不能像双子叶植物那样无限地进行加粗生长。

在茎完成初生生长之后，茎的次生分生组织——维管形成层和木栓形成层细胞分裂、分化，形成次生木质部、次生韧皮部、木栓和栓内层等结构。一般双子叶草本植物茎，由于生活期短，不具有束间形成层或束中形成层，因而只有初生结构或仅有不发达的次生结构，所以草本茎的增粗生长不很明显。但多年生木本植物茎，由于维管形成层和木栓形成层每年都可以产生新的维管组织和周皮，使茎不断地增粗，次生结构十分发达。

(1)维管形成层　纵贯于茎中，呈筒状或带状的有持续的细胞分裂特性的分生组织。可以向内、外两个方向增生新细胞，使茎增粗。

(2)次生维管组织　包括由维管形成层分裂产生的次生木质部和次生韧皮部。由于通常总是向内分裂产生的次生木质部的细胞比向外产生的次生韧皮部的细胞多，所以木本茎的大部分是由次生木质部(木材)构成的。次生韧皮部是由维管形成层向外分裂、分化产生的次生维管组织，其细胞组成与初生韧皮部基本相同，以筛管、伴胞和韧皮薄壁细胞为主，韧皮纤维和石细胞是次生韧皮部的机械组织(椴树茎只有韧皮纤维)，许多植物在次生韧皮部内还有分泌组织，能产生特殊的汁液，如橡胶和生漆等。

(3)周皮　由木栓形成层、木栓和栓内层组成的次生保护组织。当茎增粗后，表皮被撑破，可由周皮代替表皮行使保护功能。木栓形成层是由已经成熟的薄壁细胞恢复分裂机能而转化来的次生分生组织，其发生的位置逐层内移，直至次生韧皮部中，可多次重复产生新的周皮。

三、叶的观察

(一)双子叶植物叶片的结构

取夹竹桃叶横切片观察，首先在低倍镜下区分表皮、叶肉和叶脉等基本构造，然后再转换高倍镜进行观察。

1. 表皮

表皮由一层细胞构成，横切面上呈长方形，排列紧密，细胞外壁角质化，有角质层。在表皮细胞中，还可以观察到成对的、染色较深的小细胞——保卫细胞，保卫细胞之间的缝隙即气孔。

2. 叶肉

叶肉是指上下表皮之间的绿色部分，属同化组织。靠上表皮的是栅栏组织，细胞圆柱形，细胞的长轴和叶表面垂直排列，并与表皮细胞紧密相邻。栅栏组织细胞排列紧密而整齐，细胞内含叶绿体多。靠近下表皮的是海绵组织，细胞形状不甚规则，常呈圆形、椭圆形等。细胞排列没有定序，细胞间隙比较发达，海绵细胞内含叶绿体较少。气孔下方较大的细胞间隙称孔下室。

3. 叶脉

叶脉是叶肉中的维管组织，常伴生一定的机械组织，分布在维管束的上、下方。叶片的主脉具有较大的维管束，其近轴面(靠近上表皮的一面)是维管束的木质部，远轴面是维管束的韧皮部，两者之间也见到几层扁平细胞，为束中形成层。韧皮部的下方是较发达的薄壁组织和机械组织。(中小型叶脉中一般没有形成层，只有木质部和韧皮部，其外包围着薄壁组织构成的维管束鞘。)

(二)单子叶植物叶片的结构

取玉米(或其他单子叶植物)的叶片横切片观察。其结构也分为表皮、叶肉和叶脉三部分。

1. 表皮

表皮细胞排列紧密，外壁具有角质膜。注意观察泡状细胞(运动细胞)。泡状细胞位于两个叶脉之间，为大型的薄壁细胞，泡状细胞在叶的横切面上常呈扇形排列，中间的较大，两侧的较小。表皮细胞间还有气孔器，气孔内侧有气室。气孔器由两个保卫细胞和两个副卫细胞组成。

2. 叶肉

叶肉无栅栏组织和海绵组织之分，由薄壁细胞组成，细胞间隙小，细胞内含有叶绿体，属同化组织。

3. 叶脉

叶脉是叶内维管，木质部靠近上表皮，韧皮部靠近下表皮。玉米的维管束外有一层维管束鞘，是由较大的薄壁细胞组成，细胞内含有的叶绿体比叶肉细胞的多，为 C4 植物。中脉处，在维管束外，上下表皮内通常可见到成束的厚壁细胞。

还有一些植物的维管束外有两层维管束鞘，外层细胞大而薄，含叶绿体比叶肉细胞少，内层细胞厚，细胞小，称 C3 植物。

知识链接

被子植物叶的结构

主要指叶片的结构。叶片通常为绿色的扁平体，是叶的主要部分，由表皮、叶肉和叶脉三部分组成(图 5-2-7)。

1. 表皮

通常由一层生活的表皮细胞组成，覆盖在整个叶片的表面，可分为上表皮和下表皮。亦有由多层细胞组成的复表皮，如夹竹桃和印度橡皮树。表皮细胞一般形状不规划，侧壁常呈波状，彼此凸凹镶嵌，使之成为无细胞间隙的紧密连接的

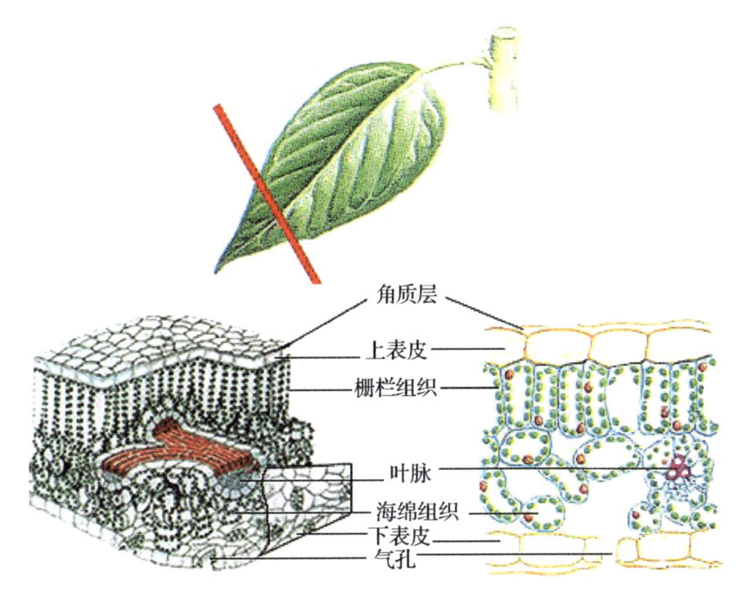

图 5-2-7　叶的结构模型

组织。一般植物的表皮细胞不含叶绿体，外壁常加厚并角质化，其外方常覆盖着一层由表皮细胞的原生质体分泌的连续的角质膜，以控制水分的散失，防止病菌入侵和过度日晒引起的损伤。角质膜的厚度因植物种类和植物所处生活环境不同而异。表皮上有许多气孔器分散在表皮细胞之间。气孔器多由两个肾形的保卫细胞围合而成，其间裂生的胞间隙即气孔，是叶片和外界环境间气体交换和水分蒸腾的孔道。一般上部叶的气孔较下部叶多，叶尖和中脉部分的气孔较叶基部和叶缘多，下表皮的气孔较上表皮多。有些植物的气孔器，在保卫细胞外面还有一个或多个与普通表皮细胞不同的副卫细胞。此外，在叶的表皮上，还有各种不同类型的表皮毛。

2. 叶肉

叶肉是位于上下表皮之间的绿色薄壁组织的总称，是叶进行光合作用的主要场所，其细胞内含有大量的叶绿体。大多数植物的叶片在枝上取横向的位置着生，叶片有上、下面之分。上面(近轴面、腹面)为受光的一面，呈深绿色。下面(远轴面、背面)为背光的一面，为淡绿色。因叶两面受光情况不同，两面内部的叶肉组织常有组织的分化，这种叶称为异面叶。许多单子叶植物和部分双子叶植物的叶，取近乎直立的位置着生，叶两面受光均匀，因而内部的叶肉组织比较均一，无明显的组织分化，这样的叶称等面叶，如玉米、小麦、胡杨。在异面叶中，近上表皮的叶肉组织细胞呈长柱形，排列紧密整齐，其长轴常与叶表面垂直，呈栅栏状，故称栅栏组织。栅栏组织细胞的层数，因植物种类而异，通常为1~3层。靠近下表皮的叶肉细胞含叶绿体较少，形状不规划，排列疏松，细胞间隙大而多，呈海绵状，故称海绵组织。

3. 叶脉

叶脉指叶肉内的维管束或维管束及其周围的机械组织。其结构随叶脉的大小粗细不同而有很大差异。主脉和大的侧脉可以由一至数条维管束构成。维管束中，上面(近轴面)是木质部，下面(远轴面)是韧皮部，二者之间还有形成层(双子叶植物)，但形成层活动时间很短，所以产生的次生组织很少。维管束外，还有由薄壁组织组成的维管束鞘包裹着。在维管束的上方和下方，常伴随有相当的机械组织。在中小型侧脉中，一般没有形成层，只有木质部和韧皮部两部分。叶脉在叶片中越分越细，结构也越来越简单，到叶脉末梢，韧皮部的筛管可极度减少，甚至完全消失，木质部则常简化为一个螺纹管胞。

知识拓展

关于植物的结构和生长的关系(伸长生长或初生生长及初生结构的概念)：

伸长生长或初生生长是由初生分生组织(即顶端分生组或居间分生组织)经过细胞分裂、生长、分化实现的。而伴随这一过程由初生分生组织分裂、分化形成的结构称为初生结构。

也就是说，与初生生长及初生结构的形成有关的分生组织是初生分生组织(顶端分生组织和居间分生组织)。

辨析："伸长生长"着眼于这种生长的形态结果；"初生生长"着眼于这种生长的根源。

次生结构：由次生分生组织的细胞分裂、分化形成的。

植物的生长	
营养生长	伸长生长——与初生结构相联系，包括顶端生长和居间生长
	增粗生长——与次生结构相联系
生殖生长	

为什么一个能伸长，一个能增粗？这是由分生组织细胞的分裂方向决定的。

任务三　观察植物的生长发育

任务说明

生长：生长是植物体积的增大，它主要是通过细胞分裂和伸长来完成的。

发育：在整个生活史中，植物体的构造和机能从简单到复杂的变化过程，它的表现就是细胞、组织和器官的分化。

任务内容：通过对校园植物物候期的观察与记录，完成调查表。

学习内容：学习植物的生长发育规律，理解植物生长的周期性规律。

植物春天物候期观察

物候期是指动植物的生长、发育活动等规律与生物的变化对节候的反应，正在产生这种反应的时候叫物候期。

观察物候期的作用：①了解各种园林树木在不同物候期中的习性、姿态、色泽等景观效果的季节变化，通过合理的配置，使树种间的花期相互衔接，提高园林风景的质量。②为科学制订园林树木的周年管理生产计划提供依据。③为确定树种栽植的先后顺序和时期提供依据。④为育种原材料的选择提供科学依据。⑤研究不同树木种类或品种随地理气候变化而变化的规律，为树木的栽培区划提供依据。⑥为天气预报、农林业生产措施的制订和风景区季节性旅游时期的确定提供依据。

根据观察，详细填写表 5-3-1，完成校园植物的物候期观察。

表 5-3-1　植物物候期观察记录表

<table>
<tr><td rowspan="2">项目</td><td colspan="3">树种：</td><td colspan="2">类型：</td><td></td></tr>
<tr><td colspan="3">观测地点：</td><td>地形：</td><td colspan="2">小气候：</td></tr>
<tr><td rowspan="7">观测项目</td><td>萌芽期</td><td colspan="2">花芽膨大开始期：</td><td colspan="3">叶芽膨大开始期：</td></tr>
<tr><td>展叶期</td><td>展叶开始期：</td><td colspan="2">展叶盛期：</td><td colspan="2">春色叶变期：</td></tr>
<tr><td rowspan="2">新梢生长期</td><td colspan="2">春梢始长期：</td><td colspan="3">春梢停长期：</td></tr>
<tr><td colspan="2">秋梢始长期：</td><td colspan="3">秋梢停长期：</td></tr>
<tr><td rowspan="2">开花期</td><td colspan="2">开花始期：</td><td colspan="3">开花盛期：</td></tr>
<tr><td colspan="2">开花末期：</td><td colspan="3">最佳观花期：</td></tr>
</table>

知识链接

植物的生长发育

（一）植物生长的周期性

植物生长中表现出各种大小周期性循环规律，比如，植物个体内部的循环、植物与其周围环境的循环以及周年性、全球性的大循环等。

1. 生长大周期

植物生长开始较慢，然后变快，最后又变慢的周期性变化，称为生长大周期。

植物周年生长变化之规律是由光照情况决定的。在植物生长过程中，无论是细胞、器官或整个植株的生长速率都表现出慢—快—慢的规律。即开始时生长缓慢，以后逐渐加快，达到最高点后又减缓以至停止。

器官开始生长时，细胞大多处于细胞分裂期，由于细胞分裂是以原生质体量的增多为基础的，原生质合成过程较慢，所以体积加大较慢。但是，当细胞转入伸长生长时期，由于水分的进入，细胞的体积就会迅速增加。不过细胞伸长达到最高速率后，就又会逐渐减慢以至最后停止。

植株一生的生长原因比较复杂，它主要与光合面积的大小及生命活动的强弱有关。生长初期，幼苗光合面积小，根系不发达，生长速率慢；中期，随着植物光合面积的迅速扩大和庞大根系的建立，生长速率明显加快；到了后期，植株渐趋衰老，光合速率减慢，根系生长缓慢，生长渐慢以至停止。

生长大周期的意义：①各种促进或抑制生长的措施，应在生长峰期到来之前实施才有效。②生长是不可逆的，植物栽培措施要及时。③同一植物的不同器官生长速度可能不同，通过生长峰期的时间也不同，因此，在控制某器官生长时，应考虑到所采取的措施对其他器官生长的影响。例如，观花树木养护营养生长与花芽的形成。

2. 植物生长及季节性周期

植物生长随季节变化而表现出快慢节奏的现象（四季：春发—夏长—秋止—冬眠）。

无论是一年生作物或是多年生植物的营养生长，都或多或少地表现出明显的季节性变化。例如一年生作物的春播、夏长、秋收与冬藏；又如多年生树木的春季芽萌动、夏季旺盛生长、秋季生长逐渐停止与冬季休眠。周而复始，年复一年。植物这种在一年中的生长随着季节而发生的规律性变化，叫季节周期性。它主要受四季的温度、水分、日照等条件影响而通过内因来控制。春天开始，日照延长、气温回升，组织含水量增加，原生质从凝胶状态转变为溶胶状态，生长素、赤霉素和细胞分裂素从束缚态转化为游离态，各种生理代谢活动大大加强，一年生作物的种子或多年生木本植物的芽萌动并开始生长；到了夏天，光照和温度进一步延长和升高，其水分供应也往往比较充足，于是植物旺盛生长，并在营养器官上开始孕育生殖器官；秋天来临，日照明显缩短，气温开始下降，体内发生与春季相反的多种生理代谢变化，脱落酸、乙烯逐渐增多，有机物从叶向生殖器官或根、茎、芽中转移，落叶、落果，其一年生植物的种子成熟后进入休眠，营养体死亡，多年生木本植物的芽进入休眠；植物的代谢活动随着冬季的来临降低到很低水平，并且休眠逐渐加深。植物生长的季节周期性是植物在长期的历史发展中，对于相对稳定的季节变化所形成的主动适应。

3. 植物生长昼夜周期

植物生长随昼夜变化而表现快慢节奏的现象(夏季：昼慢夜快)。

植物的生长速率按昼夜变化发生的有规律的变化，为昼夜周期性。影响植物昼夜生长的因素主要是温度、水分和光照。在一天的进程中，由于昼夜的光照强度和温度高低不同，体内的含水量也不相同，因此就使植物的生长表现出昼夜周期性。例如，茎的伸长、叶片扩大和果实的增大等都有这种特点。至于植物在白天长得快，还是晚上长得快，要具体分析，这取决于诸因素中的最低因素的限制。从玉米植株生长昼夜周期性的变化可以看到，在不缺水的情况下，生长速率和温度的关系最密切，植株在温暖的白天的生长较黑夜为快。只看昼夜周期，日光对生长的作用，主要是提高空气的温度和蒸腾速率，从而影响植株的生长。在中午，适当的水分亏缺降低了生长速率。因此，一天中玉米的生长速率呈现两个高峰。但在水分不足的情况下，白天蒸腾量大，光照又抑制植物的生长，白天生长会较慢，而夜晚较快。昼夜的周期性变化在很大程度上取决于环境条件的周期性变动。

(二)植物生长的相关性

1. 地下部和地上部的相关性

“根深叶茂”，说明地下部对地上部至关重要。

根系生长对地上部生长的作用：①根系提供水分和矿物质；②供应多种氨基酸；③提供 CTK；④根系还可合成多种生物碱。

地上部对根系的作用：①供给有机物；②某些根生长必需物，如 VB_1 等由叶片合成后运至地下部。

2. 主茎和分枝的相关性

主要表现为“顶端优势”，即主茎顶芽的生长抑制侧芽生长的现象。如毛白杨、银杏表现尤为突出。花卉生产经常应用摘心打破顶端优势，使养分分配合理，促进分枝，培养株形。

3. 营养生长和生殖生长的相关性

具有相互依赖和相互抑制的关系。

相互依赖：①营养生长为生殖生长提供养料；②生殖器官产生激素返回营养体，可防止营养体的早衰。

相互抑制：①营养生长对生殖生长的抑制：营养生长过旺，消耗过多养料，就会影响生殖生长；②生殖生长对营养生长的抑制：生殖生长的进行可影响和控制营养生长。例如，观花、观果的花灌木开花结果后，营养生长减慢；竹子开花，营养体就走向死亡。

知识拓展

植物的运动

运动是生命的基本属性之一。当然，高等植物的运动不能像动物那样自由地移动整体位置，它只是植物体的器官在空间发生位置和方向的变动。植物的运动方式多种多样，包括向性运动、感性运动、生长运动等。植物通过不同方式的运动可以更好地获得生长发育所需的能量和物质，完成繁殖生长等生命活动，因此运动对植物有着重要的生物学意义。

1. 向性运动

向性运动是指植物对外界环境中的单方向刺激而引起的定向生长运动。它主要是由于不均匀生长而引起的，因此切去生长区域的器官或者已停止生长的器官都不会表现向性运动。根据刺激的种类可以相应地分为向光性、向重力性、向水性、向化性和向触性等。

(1) 向光性　是指植物器官因单向光照而发生的定向弯曲能力。通常，幼苗或幼嫩的植株向光源一方弯曲，称正向光性；许多植物的根是背光生长的，称负向光性；而有些叶片是通过叶柄扭转，使自己处于对光线适合的位置，与光线通常呈垂直反向，即表现横向光性。向光性是植物对外界环境的有利适应。

向光性产生的机理仍在研究中，传统的观点认为是生长素浓度的差异造成的，是光刺激生长素自顶端向背光面侧向运输，背光面的生长素浓度高于向光面，背光面的生长较快，因此发生向光弯曲。但近年来认为，向光性的产生是由于生长抑制物质，如萝卜宁、萝卜酰胺、黄质醛等的分布不均匀而引起的。蓝光对向光性运动最有效。

(2) 向重力性　是植物对地心引力的定向生长反应。根具有正向重力性，茎具有负向重力性。叶和某些植物的地下茎还有横向重力性。稻、麦倒伏后，能再直立起来就是因为茎节有负向重力性的缘故。植物的向重力性具有明显的生物学意义。

根冠是感受重力的部位。摘除根冠或移植根冠，根会失去或恢复顺应重力的特性。根冠细胞里有感受重力的细胞器，如淀粉粒，常称平衡石。它们的沉积常与感受重力的变化正相关。

(3) 向化性　是指由于植物周围化学物质分布不均匀引起的生长运动。根的生长有向化现象，总是向肥料较多的区域生长。农业生产上利用作物的这种特性，可以用施肥影响根的生长。例如，水稻深层施肥可使根向土壤深层生长，分布广，对吸收水肥有利；又如种植香蕉时，可以采用以肥引芽的办法，把肥料施在人们希望它长苗的空旷处，使植株分布均匀。

(4) 向水性　当土壤较干燥而水分分布不均匀时，根总是向较潮湿的地方，即水势高的区域生长，这种现象叫作向水性。农业生产上蹲苗措施，就是有意识地限制水分的供应，促使根向深处生长。

(5) 向触性　是指有些植物与一个固体物接触时，很快发生生长变化的反应，最常见的例子就是黄瓜、南瓜、丝瓜、豌豆、葡萄等植物的卷须。正在生长的卷须自发地进行着回旋转头运动，不停地寻找附近的支持物，卷须端部腹侧较为敏感，与固体物一接触，立刻产生电波和化学物质向下传递，引发两侧细胞不均衡伸长，很快围绕固体物缠绕起来，可绕几圈。这些植物依靠这种方式向上攀缘生长。卷须的行为包括自发的、向触性和感触性运动，由膨压、不均衡生长和原生质收缩共同作用完成。

2. 感性运动

感性运动是指没有一定方向的外界刺激所引起的运动，其反应方向与刺激方向无关。很多植物的感性运动是由于细胞膨压变化而引起的非生长性运动，有的则与生长有关。

(1) 感震运动　由于机械刺激而引起的植物运动称为感震运动。机械刺激包括震动、烧灼、电触、骤冷甚至是光暗变化等。感震运动最引人注意的例子是含羞草叶子的运动。当含羞草部分小叶受到接触、震动、热或电的刺激时，小叶成对地合拢；如刺激较强，这种刺激可很快地通过电波和化学物质传递，使邻近小叶依次合拢，并可一直传到叶柄基部，使整个复叶下垂；强刺激甚至可使整株植物的小叶合拢，复叶叶柄下垂，经过一定时间后，又可恢复原状。

含羞草叶片为什么会下垂？这是因为含羞草复叶叶褥上下部组织结构不同。含羞草总叶柄和小叶柄基部膨大，称为叶枕。叶枕上部细胞的细胞壁较厚，而下部的细胞壁较薄，下部的细胞间隙比上部的大。当外界刺激传来时，叶枕下部细胞透性迅速增大，水分和 K^+ 外流，进入细胞间隙，因而叶枕下部细胞的膨压下降，组织疲软；而上部组织由于细胞结构不同而仍保持紧张状态，复叶叶柄由叶枕处弯曲下垂。研究证明，水分和 K^+ 从叶枕下部细胞流出，是由于电波传来的刺激促进蔗糖从韧皮部卸出，导致质外体水势降低触发的。小叶片运动原理与上述相似，只是小叶柄脚的上半部分和下半部分的细胞构造正好与复叶叶柄基部的叶枕相反。捕蝇草叶子的运动也是一种感震运动。它的叶子特化为精巧的捕虫器，当小动物踏上捕虫器，触发感震运动，叶子合拢，将入侵的小动物捕获。

(2)感夜运动　夜晚到来，光照和温度改变的刺激而引起的运动，为感夜运动。有些感夜运动是生长不均匀引起的。例如，郁金香花在温度从 7℃ 上升到 17℃ 时，其花瓣基部内侧生长比外侧快，花就开放；相反变化时，花就闭合。又如蒲公英的花序、睡莲的花瓣在晴朗的天气下开放，在阴天或晚上闭合；而烟草、紫茉莉则相反。花的感夜运动有利于在适宜的温度下开花或昆虫传粉，也是植物对环境条件的适应性。但也有些感夜运动不是生长运动，而是细胞膨压改变而引起的运动。例如，某些豆科植物(合欢等)一到夜晚小叶就合拢，叶柄下垂，而到白天就又张开。

单元小结

细胞、组织和器官的微观构造是本单元的学习重点。植物体构成的基础是细胞，由细胞分化进而形成组织，组织又组合成器官，于是形态各异的植物个体就诞生了。

植物的生长发育有很多可探究的地方。通过初生生长和次生生长，植物个体不断变高变粗。又通过生长与发育，植物经历了萌芽、生长、开花、结果等过程。

动脑动手

每人培育一盆草本花卉。

1. 自己完成播种、育苗、成苗开花全过程培育；观察种子萌发经历的形态变化，记录小苗成长形态变化，从营养生长转入生殖生长过程，理解植物的生长发育的内涵。

2. 绘制物候期观察表，对校园 2 个观花树木进行开花前的物候期观测。

练习与思考

1. 植物的根尖可划分为哪几个区域？各自担负着什么功能？
2. 简述根的生理功能。
3. 什么是年轮？年轮是怎样形成的？
4. 简述双子叶植物根的次生结构。
5. 植物的生长大周期的内容是什么？

参考文献

包满珠，2011. 花卉学[M].3 版. 北京：中国农业出版社.

陈友民，1997. 园林树木学[M].2 版. 北京：中国林业出版社.

董丽，等，2013. 园林植物学[M]. 北京：中国建筑工业出版社.

古润泽，2005. 初级花卉工培训考试教程[M]. 北京：中国林业出版社.

古润泽，2005. 高级花卉工培训考试教程[M]. 北京：中国林业出版社.

古润泽，2005. 中级花卉工培训考试教程[M]. 北京：中国林业出版社.

龙雅宜，2004. 园林植物栽培手册[M]. 北京：中国林业出版社.

王世栋，2006. 园林植物[M]. 北京：中国建筑出版社.

闫双喜，刘保国，李永华，2013. 景观园林植物图鉴[M]. 郑州：河南科学技术出版社.

于晓，等，2009. 北京主要园林植物识别手册[M]. 北京：中国林业出版社.

张德顺，芦建国，2018. 风景园林植物学(下)[M]. 上海：同济大学出版社.

张东林，2012. 初级园林绿化与育苗工培训考试教程[M]. 北京：中国林业出版社.

张东林，2012. 高级园林绿化与育苗工培训考试教程[M]. 北京：中国林业出版社.

张东林，2012. 中级园林绿化与育苗工培训考试教程[M]. 北京：中国林业出版社.

张天麟，2010. 园林树木 1600 种[M]. 北京：中国建筑工业出版社.

Christopher Brickell，2014. 园艺百科全书[M]. 北京：电子工业出版社.